高职高专汽车类专业系列教材

汽车电气设备构造与维修

主　编　汪浩然　李树金

副主编　贾昌麟　赵　锋

　　　　高昕葳　丑　晨

西安电子科技大学出版社

内 容 简 介

本书以培养学生的汽车电气设备维修技能为核心，系统地介绍了汽车电气系统的基本构造、工作原理、性能检测与故障诊断等内容。

本书以工作过程为导向，采用项目教学的方式组织内容，理论叙述深入浅出、通俗易懂，内容安排紧密结合工作岗位，通过学习与训练可提高学生思考问题、解决问题的能力。

本书可作为高职高专汽车类专业的核心课程教材，也可作为汽车维修人员的参考书。

图书在版编目(CIP)数据

汽车电气设备构造与维修/汪浩然，李树金主编. —西安：西安电子科技大学出版社，2016.9(2023.1 重印)

ISBN 978-7-5606-4042-6

Ⅰ.①汽…　Ⅱ.①汪…　②李…　Ⅲ.①汽车—电气设备—构造—高等职业教育—教材②汽车—电气设备—车辆修理—高等职业教育—教材　Ⅳ.①U472.41

中国版本图书馆 CIP 数据核字(2016)第 158719 号

策　　划　刘统军
责任编辑　王　瑛
出版发行　西安电子科技大学出版社(西安市太白南路 2 号)
电　　话　(029)88202421　88201467　　邮　　编　710071
网　　址　www.xduph.com　　　　　　电子邮箱　xdupfxb001@163.com
经　　销　新华书店
印刷单位　西安日报社印务中心
版　　次　2016 年 9 月第 1 版　　2023 年 1 月第 3 次印刷
开　　本　787 毫米×1092 毫米　1/16　印　张　15
字　　数　356 千字
印　　数　3501~4000 册
定　　价　36.00 元

ISBN 978-7-5606-4042-6/U

XDUP 4334001-3

如有印装问题可调换

前　言

随着我国汽车工业的快速发展，汽车保有量急剧增加，尤其是私家车增长更为迅速，从而导致维修人才供不应求。汽车电气系统维修是汽车维修人员必须掌握的技能，也是高等职业院校汽车类专业的一门核心课程。为了适应我国汽车工业的发展，满足汽车专业高技能人才培养的需要，编者结合多年的教学经验和教学实训条件，编写了本书。

本书内容由浅入深，系统地阐述了现代汽车电气设备构造及其工作原理、维修及诊断方法。全书共分十个项目，内容涉及汽车电气电路基础、蓄电池的维护与检修、交流发电机及其电压调节器的结构与检修、起动系统和起动机的结构与检修、点火系统的故障诊断与检修、照明与信号系统的检查调整及检修、仪表与报警系统的故障检修、汽车辅助电气系统的维护与检修、汽车空调系统的维护与检修及全车电路分析等。

本书按照高等职业教育汽车类专业高素质技能人才培养目标的要求编写，主要针对国产品牌汽车，系统地介绍了高级汽车维修人员所必须掌握的汽车电气系统的基本构造、工作原理、性能检测与故障诊断等知识，突出"以能力培养为本位"的思想，采用理论实践一体化的编写模式，更加符合现代职业技术教育课程发展的需要。

本书由甘肃林业职业技术学院汪浩然、李树金担任主编，贾昌麟、赵锋、高昕葳、丑晨担任副主编。汪浩然编写项目二、项目四和项目六，李树金编写项目七、项目十，贾昌麟编写项目一，赵锋编写项目五、项目八，高昕葳编写项目九，丑晨编写项目三。全书由汪浩然负责统稿。

本书在编写过程中得到了合作企业技术人员的大力支持，在此对他们的辛苦付出表示感谢。同时，在编写的过程中参阅了大量的相关书籍和公开发表的资料、文献及汽车维修手册，并引用了其中的部分图表资料，在此对原作者表示感谢。

由于编者水平有限，书中难免存在疏漏，恳请各位读者批评指正。

编　者

2016 年 4 月

目　　录

项目一　汽车电气电路基础

【知识目标】

(1) 掌握汽车电气设备的组成与特点。

(2) 掌握汽车电路的基本知识。

(3) 重点掌握常用的汽车电气电路故障的诊断方法。

【技能目标】

(1) 能正确认识汽车上的常用电气设备。

(2) 能正确使用检测电气设备时常用的仪表和工具。

任务1　汽车电气电路基础知识

一、汽车电气设备的组成

汽车电气设备是汽车的重要组成部分，其工作性能的优劣直接影响汽车的动力性、经济性、安全性、可靠性、舒适性和排放性等。汽车电气设备主要由电源系统、用电设备和配电装置组成。

1. 电源系统

为了能安全、舒适地驾驶，车辆装有许多电气装置。车辆不但在行驶时要用电，停车时也要用电。因此，汽车电源系统将蓄电池作为电源，并有充电系统，通过发动机运行来发电，充电系统向所有的电气设备供电并对蓄电池充电。

汽车电源系统主要包括发电机、电压调节器(装在发电机内)、蓄电池、电流表、点火开关等，如图1-1所示，其作用是向全车用电设备提供低压直流电源。

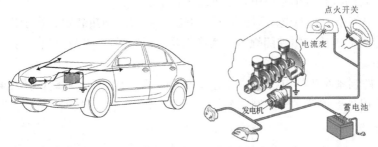

图1-1　电源系统整体图

蓄电池、发电机与用电设备都是并联的(见图1-2)。在发动机正常工作时，发电机向用电设备供电和向蓄电池充电；起动时，蓄电池向起动机供电。电流表用来指示蓄电池的充放电状况。电压调节器的作用是使发电机在转速变化时，能保持其输出电压恒定。

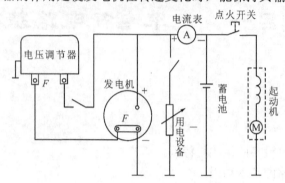

图 1-2 电源系统电路示意图

当点火开关处于 ON 位置时，电流从蓄电池流向发电机。其原因如下：车辆使用的发电机一般通过旋转的磁体来发电，此磁体不是永久磁体而是电磁体，它通过内部电流流通来产生磁力。因此，在起动发动机准备发电之前必须向发电机供电。

2. 用电设备

汽车上的用电设备众多，具体可分为起动系统，点火系统，照明系统，信号系统，仪表、报警与电子显示系统(信息显示系统)，辅助电气系统，电子控制系统等。

(1) 起动系统包括直流电动机、传动机构、控制装置及起动继电器等。其作用是带动发动机飞轮旋转使曲轴达到必要的起动转速，从而起动发动机。

(2) 点火系统仅用于汽油机上，其任务是将低压电变成高压电，产生高压电火花，适时可靠点燃汽油机发动机气缸内的可燃混合气。点火系统分为传统点火系统、电子点火系统及电控点火系统三种类型。

(3) 照明系统包括汽车内外各种照明灯及其控制装置。其作用是确保车内外一定范围内合适的照度，告示行人、车辆引起注意，指示行车方向和操作状态，报警运行性机械故障，以确保行驶和停车的安全性与可靠性，主要用来保证夜间行车安全。

(4) 信号系统包括电喇叭、蜂鸣器、闪光器及各种行车信号标识灯，提供安全行车所必需的信号。其作用是保证车辆运行时的人车安全。

(5) 仪表、报警与电子显示系统包括各种电器仪表(如电流表、电压表、机油压力表、温度表、燃油表、车速及里程表、发动机转速表等)。其作用是显示汽车运行参数及交通信息，监控汽车发动机和汽车行驶中各系统的工作状况。

(6) 辅助电气系统包括电动刮水器、空调、低温起动预热装置、收录机、点烟器、玻璃升降器、电动后视镜、中控门锁等。其作用是为驾驶员和乘员提供良好的工作条件和舒适的乘坐环境。

(7) 电子控制系统包括电控燃油喷射装置、电子点火装置、制动防抱死装置、自动变速器等。其作用是更加精确地控制汽车各个系统，使经济性、动力性、安全性等得到提高。

3. 配电装置

配电装置包括中央接线盒、电路开关、保险装置、插接器和导线等。其作用是规范布线，便于诊断汽车电器故障。

二、汽车电气设备的特点

现代汽车种类繁多，电气设备功能各异，但电路设计都遵循一定的原则，了解这些原则对汽车电路的分析和故障的检修很有帮助。

1. 单线制

所谓单线制，就是利用汽车发动机和底盘、车身等金属机件作为各种用电设备的共用连线(俗称搭铁)，而用电设备到电源只需另设一根导线。任何一个电路中的电流都从电源的正极出发，经导线流入到用电设备后，通过金属车架流回电源负极而形成回路。

采用单线制不仅可以节省材料(铜导线)，使电路简化，而且便于安装和检修，降低故障率。但在一些不能形成可靠的电气回路或需要精确电子信号的回路中应采用双线制。

2. 负极搭铁

所谓搭铁，就是采用单线制时，将蓄电池的一个电极用导线连接到发动机或底盘等金属车体上。若蓄电池的负极连接到金属车体上，则称为负极搭铁；反之，若蓄电池的正极连接到金属车体上，则称为正极搭铁。我国标准中规定汽车电器必须采用负极搭铁。目前世界各国生产的汽车大多采用负极搭铁方式。

3. 两个电源

所谓两个电源，是指蓄电池和发电机两个供电电源。蓄电池是辅助电源，在汽车未运转时向有关用电设备供电；发电机是主电源，当发动机运转到一定转速后，发电机转速达到规定的发电转速，开始向有关用电设备供电，同时对蓄电池进行充电。

4. 用电设备并联

所谓用电设备并联，是指汽车上的各种用电设备都采用并联方式与电源连接，每个用电设备都由各自串联在其支路中的专用开关控制，互不产生干扰。

5. 低压直流供电

汽车电气系统的额定电压主要有 12 V 和 24 V 两种。汽油车大都采用 12 V 直流电压供电，柴油车大都采用 24 V 直流供电。因为柴油机负载大，起动扭矩比汽油机大得多，如果仍采用 12 V 的电压，必须将起动机做的很大很重，但改用 24 V 的电源系统以后就可以减小起动机的体积和重量。

三、现代汽车电气设备的发展与应用

1. 汽车电气设备发展过程

20 世纪 50 年代——以机械设备为主，只有必备的电源和用电设备。

20 世纪 60 年代——采用交流发电机，之后有电子式电压调节器。

20 世纪 70 年代——采用电子控制高能点火，之后有燃油控制喷射系统(EFI)、电子控制自动变速器(ECT)、制动防抱死系统(ABS)。

20 世纪 80 年代——微机技术运用于汽车，如驾驶辅助装置，安全警报装置，通信、娱乐装置等。

20 世纪 90 年代中期至今——主要研究发展车辆的智能控制技术，模拟人的思维和行为对车辆进行控制。

2．汽车电气设备发展趋势

汽车电气设备发展趋势如下：

(1) 满足用户需求，大幅度提高汽车的性能，使之更灵活、方便、安全、可靠。

(2) 满足社会需求，保护环境，节约能源，节约资源。

(3) 实现包括道路在内的交通系统智能化，将汽车和人有机地联结起来。

进入 21 世纪以来，汽车与社会联结方面获得较大的发展，包括广泛使用蜂窝电话与全球定位系统(GPS)、蓝牙技术，以及采用车载网络来集成所有汽车部件的电子控制模块，使整个系统具有资源共享、故障诊断和修复功能。

四、汽车电气系统的发展趋势

1．双蓄电池汽车电气系统

单一蓄电池的缺点：大电流放电时导致电压突然下降。

双蓄电池的优点：起动型蓄电池+供电型蓄电池，可避免起动过程中的电压骤降。

2．42 V 汽车电气系统

汽车电气系统正酝酿一场变革，就是将电压上升至 42 V。由于车上自动控制所必需的微型电机数目会不断增加，所以汽车越先进，消耗的电能就越大。如果不改变现行的电压标准，功率增大必然导致电流增大，电流增大又必然要加大导线的截面积，换句话说就是要加粗导线，这样发展下去车上的主线束越来越粗，器件的体积变大，汽车重量增加，油耗增大，有限空间被占用。因此 42 V 汽车电气系统将逐步取代 12 V 和 24 V 汽车电气系统。

42 V 汽车电气系统的优点：电压安全，易得，降低线束成本，可大量使用高新技术，提高发电机效率，有利于发展混合动力车。

五、汽车电路基本知识

1．汽车电气元件的图形符号

由于汽车电气元件的结构比较复杂，因此电路图在绘制中都采用相应的符号来表示各种电气元件。目前世界各大汽车生产厂商还没有统一电路图的符号，但从当前的汽车电路图来看，虽然符号不尽相同，但差别不大，并且电路图都有相应的说明来解释所采用的符号。

2．汽车电路图的种类

汽车电路图是将汽车电气元件的图形符号通过导线连接在一起的关系图，可分为线路布置图和电路原理图。

(1) 线路布置图是根据电气设备在汽车上的实际安装部位绘制的全车电路图或局部电路图，在图上电气元件间的导线以线束的形式出现，图面简单明了，接近实际，对使用维修人员有较强的实用性。

(2) 电路原理图是用图形符号按工作顺序或功能布局绘制的，详细表示汽车电路的全部组成和连接关系，不考虑实际位置的简图，具有电路清晰、便于理解电路原理的特点。

3. 汽车电路图的识读方法

由于各国汽车电路图的绘制方法、符号标识、技术标准的不同，各汽车生产厂家对汽车电路图的画法有很大差异，甚至同一国家不同公司汽车电路图的表示方法也存在较大的差异，这就给读图带来许多麻烦，因此，掌握汽车电路图识读的基本方法显得十分重要。具体方法如下：

(1) 纵观"全车"，眼盯"局部"。

(2) 认真阅读图注。

(3) 熟悉电气元件及配线。

(4) 特别注意开关在电路中的作用。

(5) 牢记回路原则。

六、常用的汽车电器与电路故障的诊断方法

随着现代汽车电子设备的增多，汽车电器及汽车电路出现的故障越来越复杂。发生故障后，选用合适的诊断方法是顺利排除故障的关键。下面介绍几种常用的汽车电器、电路故障的诊断方法。

1. 观察法

汽车电器、电路出现故障后，导线和电气元件可能产生高温，出现冒烟甚至电火花、焦煳气味等现象，可以通过观察和嗅觉(闻气味)来发现较为明显的故障部位。

2. 触摸法

用手触摸电气元件表面，根据温度的高低进行故障诊断。电气元件正常工作时，应有合适的工作温度，若温度过高或过低，则说明有故障。例如：起动机运转无力时，若蓄电池极柱与导线接触不良，触摸导线时会有烫手的感觉。

3. 试灯法

用试灯将已经出现或怀疑有问题的电路连接起来，通过观察试灯的亮与不亮或亮的程度，来判断某段电路有无故障。

4. 短路法

当低压电路断路时，用跨接线或螺丝刀等将某一线路或元件短路，来检验和确定故障部位。如制动灯不亮，可在踏下制动踏板后，用螺丝刀将制动开关两接线柱连接起来以检验制动灯开关是否良好。对于现代汽车的电子设备而言，应慎用短路法来诊断故障，以防止短路时因瞬间电流过大而损坏电子设备。

5. 断路法

汽车电气设备发生短路(搭铁)故障时，可用断路法判断，即将可能有短路故障的电路断开后，观察电气设备中短路故障是否存在，以此来判断电路短路的部位。

6. 更换法

对于难以诊断且故障涉及面大的故障，可利用更换机件的方法来确定或缩小故障范围。

7. 仪表检测法

利用专用仪表对电气元件及线路进行检测，来确定电路故障。对现代汽车上越来越多

的电子设备来说，仪表检测法有省时、省力和诊断准确的优点，但要求操作者必须能熟练使用汽车专用仪表，对汽车电气元件的原理、电路组成等能准确地把握。

任务 2　汽车检测工具和仪器的使用

一、试灯

汽车试灯用于测量电路中是否存在电压。试灯没有内部电源，装有 12 V 或 24 V 灯泡。有些试灯内部将发光二极管作为发光元件。试灯亦称为无源试灯。试灯一头接地，另一头探针触到带电压的导体时，灯泡或发光二极管就会被点亮。试灯不能取代电压表，因为它只能显示是否有电压，不能显示电压的高低。

如图 1-3 所示，如果电路正常，试灯应该点亮。注意，不要用试灯检测计算机系统电路。试灯的电流测试如图 1-4 所示。

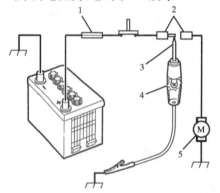

1—保险丝；2—连接器；3—探针；4—试灯；5—电机

图 1-3　无源试灯及测试

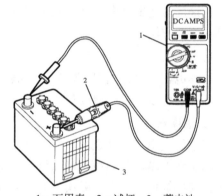

1—万用表；2—试灯；3—蓄电池

图 1-4　无源试灯的电流测试

二、跨接导线

跨接导线作为故障诊断的辅助工具，可用于跨过某段被怀疑已断开的导线而直接向某一部件提供电的通路，也可用于不依赖于电路中的开关或导线而向电路中加上电池电压。

跨接导线的形式及用跨接导线检查电路如图 1-5 所示。

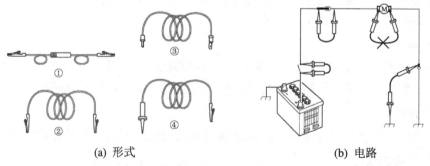

(a) 形式　　　　　　　　　　　(b) 电路

图 1-5　跨接导线的形式及用跨接导线检查电路

注意：要定期用欧姆表对跨接导线本身进行导通性测试。导线自身接头产生的电阻将影响故障诊断的准确性。

三、万用表

万用表又称多用表、三用表、复用表，是一种多功能、多量程的测量仪表。万用表分为模拟式万用表和数字式万用表两种。一般万用表可测量直流电流、直流电压、交流电流、交流电压、电阻和音频电平等，有的还可以测量电容量、电感量及半导体的一些参数(如 β)。

(一) 模拟式万用表

模拟式万用表示意图如图 1-6 所示，其表头结构如图 1-7 所示，读数如图 1-8 所示。

图 1-6 模拟式万用表

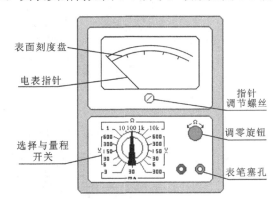

图 1-7 模拟式万用表的表头结构

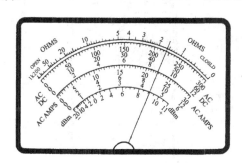

图 1-8 模拟式万用表的读数

为测量准确及防止损坏仪表，应遵守下列注意事项：

(1) 仪表测试时，不能旋转开关按钮，特别是高电压和大电流时，严禁带电转换量程。

(2) 被测量值不能确定时，应将量程转换开关旋至最大量程位置上，然后再选择适当的量程，使指针得到最大偏转。

(3) 测量直流电流时，仪表应与被测电路串联，禁止将仪表跨接电路的电压两端。

(4) 测量电路中电阻阻值时，应将被测电路电源断开，若电路中有电容，应先将其放电后再测量，切勿在电路带电情况下测量。

(5) 仪表每次用毕，最好将范围选择开关旋至在交直流电压 500 V 位置，防止下次使用时因疏忽控制测量范围而致仪表损坏。

(二) 数字式万用表

1. 数字式万用表简介

现代轿车的电控单元和电子元件越来越多，而汽车上的电控单元和电子元件不允许用低阻抗的模拟式万用表检测，因此数字式万用表在汽车电器维修中被作为主要检测仪器。汽车用数字式万用表如图1-9所示，其表头结构如图1-10所示。

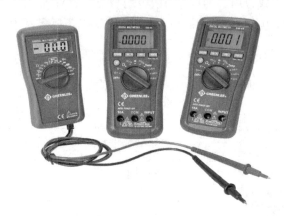

图1-9　汽车用数字式万用表

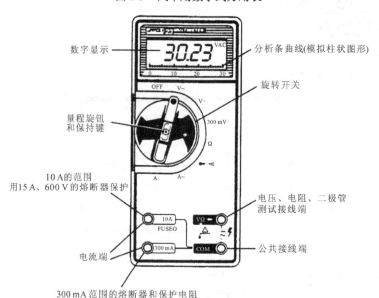

图1-10　数字式万用表的表头结构

数字式万用表在许多方面都优于绝大多数型号的模拟式万用表，因为它更准确。从不同角度观察，模拟式万用表的读数会有所不同，其内部电路也会影响模拟式万用表的准确度。而数字式万用表却没有这方面的问题。

数字式万用表有一个测试值的电子数字读出装置。数字式万用表具有使测试精确的电子电路，其准确度超过0.1%，远远超过模拟式万用表。数字式万用表已普遍用于电器诊断和检测，尤其是电气系统的检测。

当数字式万用表的正导线带电而负导线接地时，它即在读数前显示一个"+"符号。如果两极导线相反，读数前将会出现"−"符号，以示相反极性。

大部分高质量的仪表是由表内以干电池为电源的内部电路提供已知数据的。如果电池电力不足，将影响读数的精确度。因此，要时常检查表内电池以确保数据的准确性。大部分数字式万用表都有一个电池警告标志，用来显示电池的电位状况。

数字式万用表具有极敏性，它可显示正电压或负电压。数字式万用表用"+"或"−"来表示正电压或负电压。电压表有几个供选择的挡位。各挡位的量程不同，读数有所不同。所选择的挡位应以得到精确读数为准。一般数字式万用表的电压量程挡位为 200 mV、2000 mV、20 V、200 V、1000 VDC 和 750 VAC。

数字式万用表校零时，将两表笔互相接触，如果显示屏上显示不是零，则说明表内电池可能电力不足，需要更换电池才能使用。当两表笔没有碰在一起或没有与所测电路连接时，表上所示应为无穷大电阻。数字式万用表在显示屏的最左侧显示"1"或"+1"。同样，测量电阻时，要首先确定所测部件没有电流通过，然后再将万用表与所测部件的两端连接，同时还要使该部件在电路中与其他部件分开。进行测量时，表内的电池向所测部件提供电压，使电流通过该部件，万用表利用内部已知数据与所流经的电流进行比较，显示出该部件的电阻值。

2. 数字式万用表的使用

数字式万用表旋钮开关说明如图 1-11 所示。

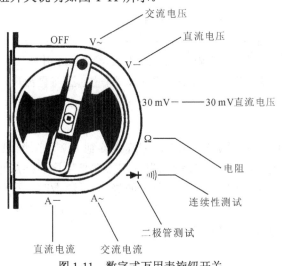

图 1-11　数字式万用表旋钮开关

1) 电压的测量

如图 1-12 所示，测量电压的方法如下：

(1) 直流电压的测量(如电池、随身听电源等)。首先将黑表笔插进"COM"孔，红表笔插进"V Ω"孔，把旋钮旋到比估计值大的量程(注意：表盘上的数值均为最大量程，"V−"表示直流电压挡，"V～"表示交流电压挡，"A"表示电流挡)，然后把表笔接电源或电池两端，保持接触稳定。数值可以直接从显示屏上读取，若显示为"1."，则表明量程太小，此时应加大量程后再测量工业电器；如果在数值左边出现"−"符号，则表明表笔极性与实际电源极性相反，此时红表笔接的是负极。

(2) 交流电压的测量。将旋钮旋到交流挡"V～"处所需的量程，表笔插孔与直流电压的测量一样。交流电压无正负之分，测量方法同直流电压。

无论测交流电压还是直流电压，都要注意人身安全，不要随便用手触摸表笔的金属部分。

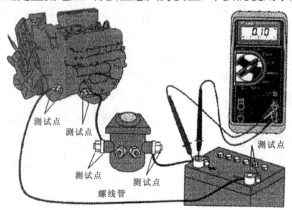

图 1-12　用数字式万用表测量电压

2) 电流的测量

(1) 直流电流的测量。先将黑表笔插入"COM"孔。若测量大于 200 mA 的电流，则要将红表笔插入"10A"孔并将旋钮旋到直流挡"10A"；若测量小于 200 mA 的电流，则将红表笔插入"200 mA"孔并将旋钮旋到直流 200 mA 以内的合适量程。调整好后，即可测量。将万用表串联在电路中，保持稳定，即可读数。若显示为"1."，就要加大量程；如果在数值左边出现"−"符号，则表明电流从黑表笔流进万用表。

(2) 交流电流的测量。将旋钮旋到交流挡，测量方法与直流电流的相同。电流测量完毕后，应将红表笔插回"VΩ"孔。

3) 电阻的测量

将表笔插进"COM"和"VΩ"孔中，把旋钮旋到"Ω"中所需的量程，用表笔接在电阻两端金属部位。测量中可以用手接触电阻，但不要把手同时接触电阻两端，这样会影响测量精确度(因为人体是电阻很大且是有限大的导体)。读数时，要保持表笔和电阻有良好的接触。注意：在"200"挡时，单位是"Ω"；在"2k"到"200k"挡时，单位是"kΩ"；在"2M"以上挡时，单位是"MΩ"。

4) 二极管的测量

数字式万用表可以测量发光二极管、整流二极管等，测量时，表笔位置与电压测量一样，将旋钮旋到"￫"挡；用红表笔接二极管的正极，黑表笔接负极，这时会显示二极管的正向压降。肖特基二极管的压降是 0.2 V 左右，普通硅整流管(1N4000、1N5400 系列等)约为 0.7 V，发光二极管为 1.8～2.3 V。调换表笔，显示屏显示"1."，则为正常，因为二极管的反向电阻很大，否则此管已被击穿。

5) 三极管的测量

三极管的测量原理同二极管。先假定 A 脚为基极，用黑表笔与该脚相接，红表笔与其他两脚分别接触。若两次读数均为 0.7 V 左右，然后再用红表笔接 A 脚，黑表笔分别接触其他两脚，若均显示"1"，则 A 脚为基极，否则需要重新测量，且此管为 PNP 管。如何判断集电极和发射极呢？可以利用"hFE"挡来判断：先将旋钮旋到"hFE"挡，可以看到挡位旁有一排小插孔，分为 PNP 和 NPN 管的测量。前面已经判断出管型，将基极插入对应管型"b"孔，其余两脚分别插入"c"、"e"孔，此时可以读取数值，即 β 值；再固定基极，其余两脚对调；比较两次读数，读数较大的管脚位置与表面"c"、"e"相对应。

上述方法只能直接测量如 9000 系列的小型管，若要测量大型管，可采用接线法，即用小导线将三个管脚引出。

6) MOS 场效应管的测量

N 沟道的 MOS 场效应管有国产的 3D01、4D01，日产的 3SK 系列等。G 极(栅极)的确定：利用万用表的二极管测试挡。若某脚与其他两脚间的正反压降均大于 2 V，即显示"1."，则此脚为栅极 G。再交换表笔测量其余两脚，压降小的那次中，黑表笔接的是 D 极(漏极)，红表笔接的是 S 极(源极)。

(1) 电压的测量。在检测或制作时，使用万用表测量器件的各脚电压，将其与正常时的电压比较，即可得出是否损坏。还可以使用万用表检测稳压值较小的稳压二极管的稳压值，电源端的电压视稳压管的标称稳压值而定，一般比标称电压大 3 V 以上，但不要超过 15 V。再用万用表检测二极管两端电压值，此值即为二极管的实际稳压值。

(2) 电流的测量。将万用表串联在电路中，对电流进行测量和监视。若电流远偏离正常值(凭经验或原有正常参数)，则需调整或检修电路。还可以利用万用表的"20 A"挡测量电池的短路电流，即将两表笔直接接在电池两端。切记时间不要超过 1 秒。注意：此方法只适用于干电池，5 号、7 号充电电池，且初学者要在熟悉维修的人员指导下进行操作。根据短路电流即可判断电池的性能，在满电的同种电池的情况下，短路电流越大越好。

(3) 电阻的测量。用万用表测量电阻，可判断二极管、三极管的好坏。若测量得出的电阻值偏离标称值过多，则说明该电阻已损坏。对于二极管、三极管，若任两脚间的电阻值都不大(几百 kΩ 以上)，则可认为该管的性能下降或者该管已被击穿损坏，注意此三极管是不带阻的。此法也可用于集成块，须说明的是：集成块的测量只能和正常时的参数作比较。

3. 数字式万用表举例

下面以费思泰克 FT368 型数字式万用表(见图 1-13)为例，简单介绍其基本特点、使用方法和注意事项。

1) 基本特点

(1) 44/5 位真有效值万用表,最大显示数字为 49 999。

(2) 工业级设计，国军标 GJB 品质。

(3) 超宽频响范围高达 200 kHz，宽范围电容和电阻测量，功能更强大。

(4) 0.025% 的基本直流精确度，真有效值测量，数据更准确。

(5) 配备 USB 接口，数据传输更方便，与 FaithtechView 软件配合可实现趋势绘图功能，数据查看、实时观测、逻辑分析、单通道示波功能和谐波分析功能等。

图 1-13 FT368 型数字式万用表

(6) 具有交流电压、直流电压、交流电流、直流电流、电阻、电容、二极管、通断性、频率、温度、占空比、脉宽、相对值、dBV、dBmV、电导等测量功能。

(7) FAST、MIN 和 MAX 模式可以极速捕捉 0.25 毫秒的瞬时信号。

(8) 专利设计：手动或自动二极管筛选电压设定。

2) 使用方法

使用前，应认真阅读有关使用说明书，熟悉刀盘、按钮、插孔的作用。

将刀盘拨离 OFF 位置即为开机。

根据需要，将刀盘拨到相应位置，即可进行测量。

交直流电压的测量：将表笔插入相应的插孔，可直接显示混合信号的主流分量和交流分量。

3) 注意事项

(1) 电流插孔是为了测量电流用的，不用的时候禁止使用本插孔，以免万用表被烧毁。

(2) 万用表默认量程是自动量程，如果想使用规定量程，可按量程选择键。

(3) 当插错插孔时，万用表会报警。使用趋势绘图、示波、逻辑分析、谐波分析等功能时，应查看量程选择和刀盘位置。

思 考 与 练 习

1. 汽车电气设备由哪几部分组成？

2. 汽车电气设备具有哪些特点？

3. 汽车电气设备维修中常用的检测仪表和工具有哪些？

4. 如何正确使用试灯？

5. 如何正确使用数字式万用表？

项目二　蓄电池的维护与检修

【知识目标】

(1) 了解蓄电池的作用和工作原理。

(2) 熟悉蓄电池的结构、蓄电池型号的含义。

(3) 掌握蓄电池技术状态的检查方法、蓄电池的充电方法、蓄电池的正确使用与维护方法及其常见故障的维修方法。

(4) 掌握蓄电池电解液液面高度的检查、蓄电池放电程度的检查及蓄电池常见故障的检修方法。

【技能目标】

(1) 能在车上找出蓄电池的位置。

(2) 能识读蓄电池的型号。

任务1　蓄电池的作用与基本组成

汽车蓄电池(俗称电瓶)是一种储存电能的装置。一旦连接外部负载或接通充电电路，蓄电池便开始能量转换过程。在放电过程中，蓄电池中的化学能转变为电能；在充电过程中，蓄电池中的电能转变为化学能。

一、蓄电池的作用

汽车上装有蓄电池和发电机两个直流电源，这两个电源并联，全车的用电设备均为并联，电源和用电设备串联连接。

蓄电池在汽车上的功用如下：

(1) 在发电机不发电时，由蓄电池向用电设备供电。

(2) 当取下汽车钥匙时，由蓄电池向时钟、发动机及车身 ECU(Electronic Control Unit)存储器、电子音响系统及防盗报警系统等供电。

(3) 当发电机超载时，蓄电池协助发电机供电。

(4) 当发电机正常发电时，蓄电池可将发电机的电能转变为化学能储存起来(即充电)。

(5) 蓄电池相当于一个大容量电容器，在发电机转速和负载变化较大时，能够保持汽车电源电压的相对稳定。

二、蓄电池的分类及汽车常用蓄电池

(一) 蓄电池的分类

蓄电池可分为普通铅酸蓄电池、免维护蓄电池、干荷电蓄电池、湿荷电蓄电池、胶体电解质蓄电池等。

(二) 现代汽车常用的蓄电池

1. 免维护蓄电池

免维护蓄电池又称 MF 蓄电池，其具有如下特点：

(1) 极板栅架采用铅钙合金或铅锑合金，减少了析气量、耗水量、自放电。

(2) 采用袋式聚乙烯隔板，将极板包住，减小了活性物质的脱落，从而防止了短路。

(3) 在气孔盖的内部设置了一个氧化铝过滤器，它既可以使 H_2 和 O_2 顺利溢出，又可防止水蒸气和 H_2SO_4 气体散失，从而减小了电解液的消耗。

(4) 单体电池间的连接条采用穿壁式连接，减小了内阻。

(5) 采用聚丙烯塑料外壳，底部无筋条，降低了极板高度，使电解液增多。

对于无加液孔的全密封型免维护蓄电池，由于不能采用传统的密度计来测量电解液密度以判断其技术状况，因此，在这种免维护蓄电池内部一般装有一个小型密度计，如图 2-1 所示。

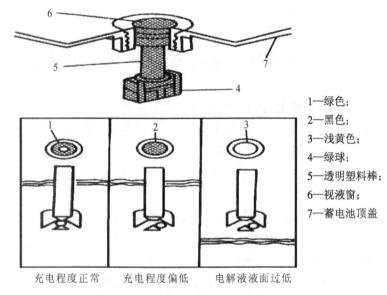

1—绿色；
2—黑色；
3—浅黄色；
4—绿球；
5—透明塑料棒；
6—视液窗；
7—蓄电池顶盖

充电程度正常　　充电程度偏低　　电解液液面过低

图 2-1　内装密度计的免维护蓄电池示意图

2. 干荷电蓄电池

干荷电蓄电池与普通蓄电池的区别：其干燥状态下能够较长时间(2 年内)保存其在制造过程中所得到的电荷。活性物质与普通蓄电池是一样的，但负极板的制造工艺与普通蓄电池不同。

正极板上的活性物质：二氧化铅的化学活性较稳定，它的荷电性能可以较长时间地保持。

负极板上的活性物质：易氧化。在负极板的铅膏中加入氧化剂，且在氧化过程中进行了一次深放电或反复充、放电循环等措施。

三、普通铅酸蓄电池的组成

普通铅酸蓄电池主要由极板、隔板、壳体、极桩、电解液、极柱等组成，如图 2-2 所示。

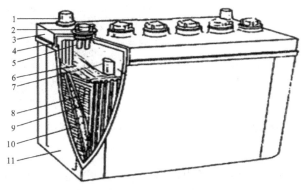

1—极桩连接端；
2—加液孔盖；
3—蓄电池盖；
4—熔合缝；
5—极桩；
6—防护板；
7—内穿壁式联条；
8—正极板；
9—隔板；
10—负极板；
11—壳体

图 2-2 蓄电池的结构

1．极板

蓄电池极板的分类及构成：极板分正极板和负极板两种，均由栅架和填充在其上的活性物质构成，如图 2-3 所示。

极板的基本作用：蓄电池充、放电过程中，电能和化学能的相互转换是依靠极板上的活性物质和电解液中硫酸的化学反应来实现的。

活性物质及颜色区分：正极板上的活性物质是二氧化铅(PbO_2)，呈深棕色；负极板上的活性物质是海绵状纯铅(Pb)，呈青灰色。

栅架的作用：容纳活性物质并使极板成形，如图 2-4 所示。

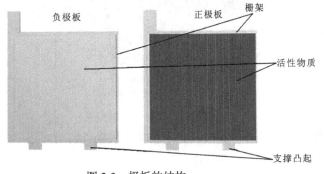

图 2-3 极板的结构

图 2-4 栅架的结构

栅架的新结构：为了降低蓄电池的内阻，改善蓄电池的起动性能，有些蓄电池采用了放射形栅架。如图 2-5 所示为桑塔纳轿车蓄电池放射形栅架的结构。

极板组：为增大蓄电池的容量，将多片正、负极板分别并联焊接，组成正、负极板组，装在单体内，如图 2-6 所示。由于正极板的机械强度低，单面工作会因两侧活性物质体积变化不一致而造成极板拱曲、活性物质脱落等不良现象，因而在每个单体电池中，负极板的数量总比正极板多一片。

安装要求：安装时，正、负极板相互嵌合，中间插入隔板。

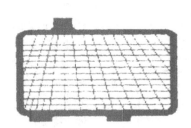

图 2-5　放射形栅架的结构

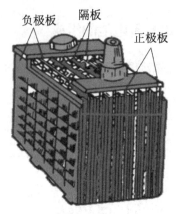

图 2-6　极板组

2．隔板

作用：为了减小蓄电池的内阻和尺寸，蓄电池内部正、负极板应尽可能地靠近；为了避免彼此接触而短路，正、负极板之间要用隔板隔开。隔板的结构如图 2-7 所示。

材料要求：隔板材料应具有多孔性和渗透性，且化学性能要稳定，即具有良好的耐酸性和抗氧化性。

材料：常用的隔板材料有木质隔板、微孔橡胶、微孔塑料、玻璃纤维和纸板等。

安装要求：安装时隔板上带沟槽的一面应面向正极板，如图 2-8 所示。

图 2-7　隔板的结构

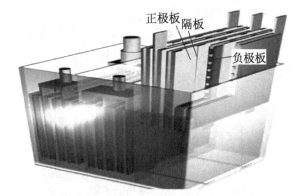

图 2-8　隔板的安装要求

新结构：在新型蓄电池中，将微孔塑料隔板制成袋状紧包在正极板外部，可进一步防止活性物质脱落，避免极板内部短路并使组装工艺简化。

3．壳体

作用：用来盛放电解液和极板组。

材料：由耐酸、耐热、耐震、绝缘性好并且有一定力学性能的材料制成。

特点：壳体为整体式结构，壳体内部由间壁分隔成 3 个或 6 个互不相通的单格，底部有突起的肋条以搁置极板组，如图 2-9 所示。肋条之间的空间用来积存脱落下来的活性物质，以防止在极板间造成短路。极板装入壳体后，上部用与壳体相同材料制成的电池盖密封。在电池盖上对应于每个单格的顶部都有一个加液孔，用于添加电解液和蒸馏水，也可用于检查电解液液面高度和测量电解液相对密度。正常使用时，加液孔用加液孔盖密封。

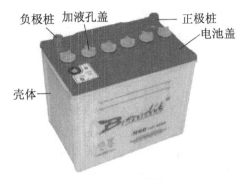

图 2-9 壳体的结构

4. 极桩

电池盖上有两个极桩，分别为正极桩和负极桩。正极桩用"＋"表示，涂上红颜色，负极桩用"－"表示，涂上蓝颜色或不涂颜色，如图 2-10 所示。

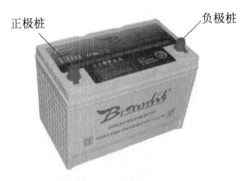

图 2-10 极桩的识别

5. 电解液

作用：电解液在电能和化学能的转换过程即充电和放电的电化学反应中起离子间的导电作用并参与化学反应。

成分：电解液由纯硫酸和蒸馏水按一定比例配制而成，其密度一般为 1.24～1.30 g/ml。

注意：电解液的纯度是影响蓄电池的性能和使用寿命的重要因素。

安全警示：电解液有较强的腐蚀性，应避免接触到皮肤和衣物。

6. 单体电池的串接方式

蓄电池一般都由 3 个或 6 个单体电池串联而成，额定电压分别为 6 V 或 12 V。

单体电池的连接方式一般有传统外露式、穿壁式和跨越式三种，如图 2-11 所示。

早期的蓄电池大多采用传统外露式铅连接条连接方式，如图 2-11(a)所示。这种连接方式工艺简单，但耗铅量多，连接电阻大，因而起动时电压降大、功率损耗也大，且易造成短路。

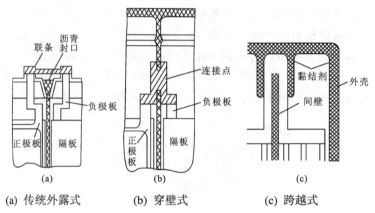

(a) 传统外露式　　　(b) 穿壁式　　　(c) 跨越式

图 2-11　单体电池的连接方式

新型蓄电池则采用先进的穿壁式或跨越式连接方式。

穿壁式连接方式如图 2-11(b)所示，即在相邻单体电池之间的间壁上打孔供连接条穿过，将两个单体电池的极板组极柱连焊在一起。

跨越式连接方式如图 2-11(c)所示，即在相邻单体电池之间的间壁上边留有豁口，连接条通过豁口跨越间壁，将两个单体电池的极板组极柱相连接，所有连接条均布置在整体盖的下面。

穿壁式和跨越式连接方式与传统外露式铅连接条连接方式相比，有连接距离短、节约材料、电阻小、起动性能好等优点。

四、蓄电池的型号

根据机械工业部 JB 2599—85《铅蓄电池产品型号编制方法》标准规定，蓄电池的型号由以下三部分组成，各部分之间用"—"分开，如图 2-12 所示。

| 串联单格电池数 | — | 电池类型 | 电池特征 | — | 额定容量 | 特殊性能 |

图 2-12　蓄电池型号的表示方法

(1) 串联单格电池数：用阿拉伯数字表示，其标准电压是这个数字的 2 倍。

(2) 电池类型和电池特征：用字母表示。其中：第一个字母为电池类型，如"Q"为起动用蓄电池；第二个字母为电池特征代号，如"A"表示干荷电式。各代号的含义见表 2-1。当具有两种特征时，应按表 2-1 所示顺序将两个代号并列标示。

表 2-1　铅蓄电池的特征代号及其含义

特征代号	蓄电池特征	特征代号	蓄电池特征	特征代号	蓄电池特征
A	干荷电式	J	胶体电解液式	D	带液式
H	湿荷电式	M	密封式	Y	液密式
W	免维护式	B	半密封式	Q	气密式
S	少维护式	F	防酸式	I	激活式

(3) 额定容量：用阿拉伯数字表示，其单位为 A·h。我国目前规定采用 20 h 放电率的容量。有时在额定容量后面用一个字母表示特殊性能，如 G 表示高起动功率，S 表示塑料

外壳，D 表示低温起动性能好。

　　例如，蓄电池型号 6—QAW—100S 的含义如下：6 代表 6 个格，一个格是 2 V，即代表 12 V；Q 表示起动型；A 表示干荷电式；W 表示免维护蓄电池；100 表示蓄电池容量为 100 A·h；S 表示采用了塑料外壳。

任务2　蓄电池的工作原理与特性

一、蓄电池的工作原理

1. 蓄电池的静止电动势

　　蓄电池的静止电动势 E_j 与极板的片数、大小无关，仅与电解液的密度有关，其关系式为

$$E_j = 85 + \rho_{25}$$

式中：E_j 为静止电动势(V)；ρ_{25} 为 25℃时电解液的相对密度(g/cm³)。

　　实测的电解液相对密度，应转换成 25℃时电解液的相对密度，转换关系式为

$$\rho_{25} = \rho_t + 0.000\,75(t - 25)$$

式中：ρ_t 为实测的电解液相对密度(g/cm³)；t 为实测时的电解液温度(℃)。

　　由于蓄电池工作时，电解液密度一般在 1.12~1.30 g/cm³ 的范围内变化，所以每个单体电池的电动势也相应地在 1.97~2.15 V 之间变化。

2. 蓄电池的放电

　　当蓄电池的极板浸入电解液时，在正、负极板间将会产生约 2.1 V 的静止电动势。此时，若接入负载，电流就会从蓄电池的正极经外电路流向蓄电池的负极，这一过程称为放电。

　　放电时，正极板上的 PbO_2 和负极板上的 Pb 都与电解液中的 H_2SO_4 反应生成 $PbSO_4$，电解液中 H_2SO_4 逐渐减少，而 H_2O 逐渐增加，密度逐渐下降。

　　蓄电池放电终了的特征如下：

　　(1) 单体电池电压下降到放电终止电压。

　　(2) 电解液密度下降到最小许可值。

　　放电终止电压与放电电流的大小有关。放电电流越大，允许的放电时间就越短，放电终止电压也就越低。

　　放电时的化学反应过程如图 2-13 所示。

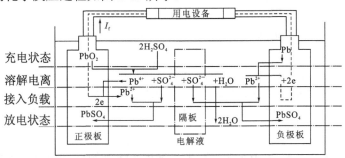

1—充电状态；2—溶解电离；3—接入负载；4—放电状态

图 2-13　蓄电池的放电过程

3．蓄电池的充电

充电时，蓄电池的正、负极分别与直流电源的正、负极相连，电流从蓄电池的正极流入，负极流出，这一过程称为充电。

充电时，正、负极板上的硫酸铅($PbSO_4$)分别还原成二氧化铅(PbO_2)和铅(Pb)，电解液中的硫酸(H_2SO_4)逐渐增多，而水(H_2O)逐渐减少，密度逐渐上升。

当充电接近终了时，$PbSO_4$已基本还原成PbO_2和Pb，这时，过剩的充电电流将电解水，使正极板附近产生氧气(O_2)从电解液中逸出，负极板附近产生氢气(H_2)从电解液中逸出，电解液液面高度降低。因此，普通铅酸蓄电池需要定期补充蒸馏水。

蓄电池充足电时具备以下特征：

(1) 电解液中有大量气泡冒出，呈沸腾状态。

(2) 电解液的密度和蓄电池的端电压上升到规定值，且在 2～3 h 内保持不变。

综上所述，铅蓄电池的充、放电化学反应方程式为：

$$PbO_2 + 2H_2SO_4 + Pb \underset{充电}{\overset{放电}{\rightleftharpoons}} 2PbSO_4 + 2H_2O$$

充电时的化学反应过程如图 2-14 所示。

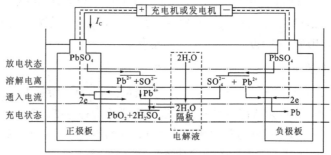

1—放电状态；2—溶解电离；3—通入电流；4—充电状态

图 2-14　蓄电池的充电过程

二、蓄电池的工作特性

1．内阻

电解液电阻与密度的关系如图 2-15 所示。

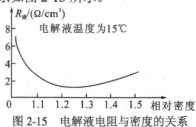

图 2-15　电解液电阻与密度的关系

2．放电特性

如图 2-16 所示为 6—QA—60 型干荷电蓄电池以 20 h 放电率进行恒流放电的特性曲线。允许的放电终止电压与放电电流的关系见表 2-2。

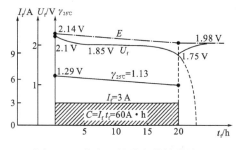

图 2-16　蓄电池的放电特性曲线

表 2-2　允许的放电终止电压与放电电流的关系

放电电流/A	$0.05C_{20}$	$0.1C_{20}$	$0.25C_{20}$	$1C_{20}$	$3C_{20}$
持续放电时间	20 h	10 h	3 h	30 min	5.5 min
单体电池允许的放电终止电压/V	1.75	1.70	1.65	1.55	1.50

3．充电特性

蓄电池的充电特性是指在恒流充电过程中，蓄电池的端电压 U_c 和电解液密度随充电时间变化的规律。如图 2-17 所示为一只 6—QA—60 型蓄电池以 3 A 的充电电流进行充电时的特性曲线。

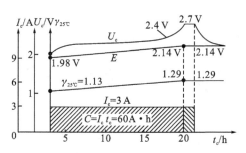

图 2-17　蓄电池的充电特性曲线

三、蓄电池的容量及其影响因素

(一) 蓄电池的容量

蓄电池容量是指在规定的放电条件下，完全充电的蓄电池所能输出的电量。蓄电池容量 $C = I_f \cdot t_f$。蓄电池的容量分为额定容量、储备容量和起动容量等。

将充足电的蓄电池，在电解液温度为 25℃±5℃ 的条件下，以 20 h 放电率(即放电电流为 $0.05C_{20}$)连续放电至单体电池平均电压降到 1.75 V 时，输出的电量称为蓄电池的额定容量，用 C_{20} 表示，单位为 A·h。

例如，6—Q—100 型蓄电池，其"100"就是额定容量。它是在电解液温度为 25℃±5℃ 的条件下，以 $I_f = 5$ A($0.05C_{20} = 0.05 \times 100 = 5$ A)的电流连续放电至单体电池平均电压降到 1.75 V 时，若放电时间 $t_f \geqslant 20$ h，则其容量 $C = I_f \cdot t_f \geqslant 100$ A·h，达到了额定容量，为合格产品；若放电时间小于 20 h，则其容量低于额定容量，为不合格产品。

(二) 影响蓄电池容量的因素

1．结构因素

蓄电池极板的表面积越大，容量就越大；极板越薄，容量也越大。

2．使用因素

(1) 放电电流。放电电流越大，$PbSO_4$ 堵塞孔隙的速度也越快，导致极板内层大量的活性物质不能参与反应,蓄电池的实际输出容量减小。放电电流与蓄电池容量的关系如图2-18所示,放电电流越大,蓄电池容量越小。

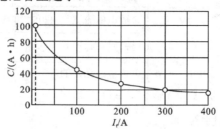

图 2-18　放电电流与蓄电池容量的关系

图 2-19 所示是 6—Q—135 型蓄电池在不同放电电流情况下的放电特性。从图中可以看出,放电电流越大,端电压下降越快,放电时间越短,故蓄电池容量越小。

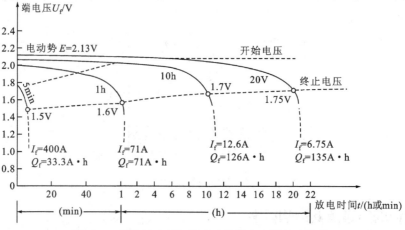

图 2-19　蓄电池在不同放电电流情况下的放电特性

(2) 电解液温度。温度低时,电解液黏度增加,使蓄电池的容量下降。

电解液温度与蓄电池容量的关系如图2-20所示,电解液温度降低,蓄电池容量减小。

(3) 电解液密度。适当增加电解液密度,蓄电池容量增大。但密度过大,容量减小。另外,电解液密度过高,蓄电池自行放电速度加快。密度应根据用户所在地区的气候条件而定。

电解液相对密度和蓄电池容量的关系如图2-21所示。

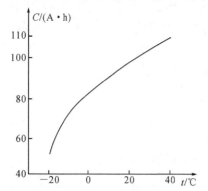

图 2-20　电解液温度与蓄电池容量的关系

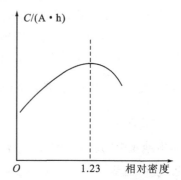

图 2-21　电解液相对密度和蓄电池容量的关系

（4）电解液纯度。电解液中一些有害杂质沉附于极板上形成局部电池产生自放电，为此，电解液应用化学纯硫酸和蒸馏水配制。

任务3　蓄电池的使用与维护

一、蓄电池的使用

1. 蓄电池使用注意事项

（1）蓄电池务必远离儿童。如酸液溅到皮肤或衣物上，应立即用 5% 苏打水擦洗，再用大量清水冲洗，严重时应立即送往医院治疗。

（2）每次起动时间不超过 5 s，连续 2 次起动之间应间隔 15 s 以上，连续 3 次起动不成功时，应查明原因，排除故障后再起动。

（3）蓄电池不能接近明火或热源，高温季节严禁蓄电池在阳光下直接暴晒。

（4）对于电控汽车，在拆下蓄电池连接线或熔断丝之前，应先读取系统的故障代码；同时必须确认点火开关处于切断位置。

（5）跨接起动其他车辆或用其他车辆跨接起动本车时，需先断开点火开关，再装拆跨接蓄电池连接线。

（6）在车身上使用电弧焊之前，应先切断点火开关，再拆下蓄电池连接线。

（7）蓄电池安装应牢固、可靠，以防行车时震动和移位。

2. 蓄电池的正确使用

蓄电池的正确使用一般概况为"三抓"和"五防"四个字。

1）"三抓"

一抓及时充电，正确充电。

放完电的蓄电池应在 24 小时内充电；装在车上的蓄电池每两个月应补充充电一次；蓄电池的放电程度，冬季不得超过 25%，夏季不得超过 50%；带电解液的蓄电池存放，每两个月补充充电一次。

二抓正确操作。

不连续起动起动机；轻搬轻放蓄电池，车上的蓄电池应固定牢靠。

三抓清洁保养。

应经常清除蓄电池表面的灰尘污物；及时清除极柱和连线上的氧化物；经常疏通通气孔。

2）"五防"

"五防"即防止过充电或充电电流过大，防止过度放电，防止电解液液面过低，防止电解液密度过高，防止电解液内混入杂质。

3. 蓄电池的拆装

（1）拆装、移动蓄电池时，应轻搬轻放，严禁在地上拖曳。

（2）安装前应确认蓄电池型号和车型相符，电解液密度和高度应符合规定。

(3) 安装时必须将蓄电池固定在托架上，塞好防震垫，以免汽车行驶时蓄电池震动。

(4) 极桩上应涂抹凡士林或润滑油，以防腐蚀；极桩卡子与极桩要求接触良好。

(5) 不要将蓄电池的正、负极短路或接反，以免造成电击或火灾事故。

(6) 拆下蓄电池充电或更换蓄电池后，连接应牢固，搭铁要可靠，以免烧损 ECU 中的线路，或因发热而起火。

(7) 拆下蓄电池时，应先拆负极后拆正极；安装蓄电池时，应先接正极后接负极。

4. 电解液的选择

寒冷地区选择电解液的前提应该是保证电解液不结冰。电解液密度与冰点的关系见表 2-3。

表 2-3　电解液密度与冰点的关系

电解液密度/(g/cm³)	1.10	1.15	1.20	1.25	1.30	1.31
冰点/℃	−7	−14	−25	−50	−66	−70

5. 冬季使用蓄电池的注意事项

(1) 应特别注意保持蓄电池处于充足电状态，以防结冰。

(2) 冬季补加蒸馏水应在充电时进行，以防结冰。

(3) 冬季容量降低，发动机起动前应进行预热，每次起动时间不超过 5 s，每次起动间隔应不小于 15 s。

(4) 冬季气温低，蓄电池充电困难，应经常检查蓄电池存电状况。

6. 蓄电池的储存

1) 新蓄电池的储存

未启用的新蓄电池，其加液孔盖上的通气孔均已封闭，不要捅破。储存方法和储存时间均应以出厂说明书为准。储存时应注意以下事项：存放在室温为 5℃～30℃，干燥、清洁、通风的地方；避免阳光直射，远离热源(距离暖气片、火炉等不小于 2 m)；避免与任何液体和有害气体接触；不得倒置、卧放、叠放、承重，相邻蓄电池之间应相距 10 cm 以上；存放时间自出厂之日算起不得超过 2 年。

2) 暂时不用的蓄电池的储存

对暂时不用的蓄电池，可采用湿储存法。即先将蓄电池充足电，再将电解液密度调至 1.24～1.28 g/cm³，液面调至规定高度，然后将加液孔盖上的通气孔密封，存放时间不得超过半年。定期检查电解液相对密度和容量，如容量降低 25%，应补充充电，使用前应充足电。

3) 长期停用的蓄电池的储存

对停用期超过 1 年的蓄电池，应采用干储存法。即先将充足电的蓄电池以 20 h 放电率放完电，然后倒出电解液，用蒸馏水反复冲洗多次，直到水中无酸性，倒尽水滴，晾干后旋紧加液孔盖，并将通气孔密封后储存。存放条件与新蓄电池相同。重新启用时，按新蓄电池对待。

4) 带电解液的蓄电池的储存

将蓄电池充足电，旋紧加液孔盖；室内应通风干燥，室温 5℃～30℃；定期补充充电。

7．新蓄电池的启用

1）普通蓄电池的启用

启用普通新蓄电池时，应首先擦净外表面，旋开加液孔盖，疏通通气孔，注入新电解液，静置 4～6 h 后，调节液面高度到规定值，待液温下降至 35℃以下时，按初充电规范进行充电后即可使用。普通新蓄电池在第一次充电后应放电，然后再进行 1 或 2 次充、放电循环。

2）干荷电蓄电池的启用

干荷电蓄电池在规定存放期(一般为 2 年)内启用时，可直接加注规定密度的电解液，静置 20～30 min，清除加液孔盖上的通气孔封蜡，调整液面高度后即可使用。若因超期存放或保管不当而损失部分容量，应在加注电解液并充电后方可使用。

二、蓄电池的维护

(一) 蓄电池维护要点

(1) 及时清除极桩和电缆卡子上的氧化物，并确定蓄电池极桩上的电缆连接牢固。清洁后，在电缆卡子上涂上凡士林或润滑油，防止腐蚀。

(2) 保持加液孔盖上通气孔的畅通，定期疏通。

(3) 定期检查并调整电解液液面高度，液面不足时，应及时补充蒸馏水。

(4) 定期检查蓄电池的放电程度，当冬季放电超过 25%，夏季放电超过 50%时，应及时将蓄电池从车上拆下进行补充充电。

(5) 根据季节和地区的变化及时调整电解液的密度。

(6) 冬季给蓄电池添加蒸馏水时，必须在蓄电池充电前进行。

(7) 冬季蓄电池应经常保持在充足电的状态，以防电解液密度降低而结冰。

(二) 蓄电池使用中技术状况的检查

1．蓄电池外观的检查

(1) 检查蓄电池外壳是否破裂，电解液有无渗漏。

(2) 检查蓄电池正、负极桩是否脏污或有氧化物。

(3) 检查加液孔盖是否有破裂，电解液有无渗漏，通气孔是否畅通。

2．蓄电池电解液液面高度的检查

1）玻璃管测量法

在正常使用条件下，蓄电池几乎不需要进行维护，在高温条件下则应定期对蓄电池电解液液面高度进行检查。检查时，应拆掉蓄电池上的搭铁线，观察蓄电池电解液位应在隔板以上 5 mm 或在(外壳)平面的"MAX"和"MIN"之间。若电解液不足，只能用蒸馏水补充，绝不能随意添加补充液及其他不干净的水。

若蓄电池的电解液平面过高，在强大负荷(如白天长途行驶)情况下，会引起电解液"沸腾而外溢"；若电解液平面过低，会缩短蓄电池的使用寿命。

电解液液面应高出极板 10～15 mm，液面高度可用玻璃管测量。如图 2-22(a)所示，打开加液孔盖，将玻璃管伸入单体电池中，并与极板的防护板接触，用拇指堵住管的上端口，

然后提出液面。为防止酸液外滴，玻璃管不得离开蓄电池加液孔上方。

测量玻璃管内液体的高度，其值应为 10～15 mm。液面过低，应添加蒸馏水；若液面降低是溅出所致，应补加相应密度的电解液。

2) 液面高度指示线法

对于采用工程塑料外壳的蓄电池，可从蓄电池外壳侧面直接观察电解液液面高度，如图 2-22(b)所示。正常的液面高度应介于两标线之间。

3) 加液孔观察法

如图 2-22(c)所示，通过观察，如果液面在方孔下方，则说明液面过低；如果与方孔平齐，则为正常；如果呈圆形，则说明液面过高。

(a) 玻璃管测量法　　　　(b) 液面高度指示线法　　　　(c) 加液孔观察法

图 2-22　用玻璃管测量电解液液面高度

3. 蓄电池电解液密度的检查

测量电解液密度，可使用电解液密度计，如图 2-23 所示，吸入密度计中的蓄电池电解液密度越大，浮子升起越高。从密度计刻度上可读出电解液密度值。蓄电池电解液正常的密度值如表 2-4 所示。

图 2-23　测量电解液密度和温度

表 2-4　蓄电池电解液正常的密度值

温度条件	蓄电池状态	电解液密度/(g/cm^3)
常温下	放电	1.12
	半充电	1.20
	全充电	1.28
在热带地区	放电	1.08
	半充电	1.14
	全充电	1.23

若各电池槽中的电解液密度相互间的偏差不超过 0.02 g/cm^3，可对蓄电池进行充电，以恢复其性能；若一个或两个相邻电池槽中的电解液密度明显下降，则说明蓄电池有短路故障，应对其进行修复或更换。

4. 蓄电池电压的检查

蓄电池电解液密度与电压(有负荷时)结合起来，可以清楚地反映蓄电池充电的情况。可用高率放电计来测量蓄电池电压(有负荷时)，如图 2-24 所示。若负载电流为 110 A，则最小电压不得低于 9.6 V。在测试(5～10 s)过程中，若电压低于规定的数值，则说明蓄电池已放完电或被损坏。

5. 蓄电池放电程度的检查

蓄电池放电程度可以通过测量电解液密度得到。根据实际经验，电解液密度每下降 0.01 g/cm³，相当于蓄电池放电 6%，所以根据所测得的电解液密度即可粗略地估算出蓄电池的放电程度，如图 2-25 所示。

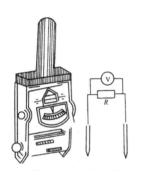

图 2-24　测量蓄电池电压的高率放电计

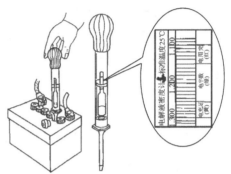

图 2-25　蓄电池放电程度的检查

6. 起动性能的测试

测量蓄电池在大电流(接近起动机起动电流)放电时的端电压，用以判断蓄电池的起动能力和放电程度，如图 2-26 所示。

7. 蓄电池极桩连接状态的测试

为保证蓄电池在车上能给起动机提供大电流，除蓄电池本身的技术状况良好外，蓄电池极桩与电缆线的连接非常重要。极桩与电缆线的连接是否可靠可通过测量二者之间的压降来确定，如图 2-27 所示。

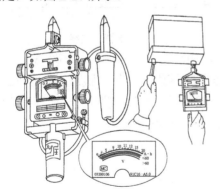

图 2-26　用高率放电计测试蓄电池的起动性能

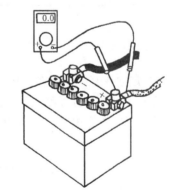

图 2-27　蓄电池极桩与电缆线的
　　　　　线夹接触压降的测试

三、蓄电池的充电

(一) 常规充电

在蓄电池充电室内不能有明火，不得吸烟，室内禁止存放精密仪器。

(1) 先后拆下蓄电池的负极接线和正极接线。

(2) 打开加液孔盖。若蓄电池已冻结，应先融化。

(3) 检查电解液液面高度，如电解液不足，应先补充蒸馏水。

(4) 将蓄电池的正、负极与充电机的正、负极对应连接。

(5) 接通充电。充电电流是根据蓄电池的容量而定的，一般为额定容量的 10%。54 A·h 的蓄电池，其充电电流约为 5.4 A。

(6) 在充电过程中应随时测量电解液温度。若温度超过 40℃，应停止充电或者减小充电电流，直到温度降低到40℃以下。

(7) 每 1 h 测量三次电解液密度和电压，直至不再上升，且所有的电解槽都开始沸腾时，停止充电。充足电的电解液密度应为 1.28 g/cm^3(热带地区为 1.23 g/cm^3)，蓄电池总电压应为 15.6～16.2 V。

(二) 快速充电

快速充电应使用专用快速充电机(如大众奥迪轿车快速充电机 VW1266A)进行充电。

(三) 充电方法

(1) 定电流充电法：在充电过程中充电电流保持不变的方法。优点：充电电流可任意调节，适用于初充电、补充充电、去硫化充电。缺点：充电时间长，经常调整充电电流。

采用定电流充电时，被充电的多个蓄电池可串联在一起充电，如图 2-28 所示。

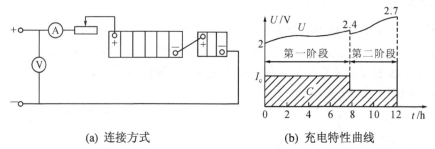

(a) 连接方式　　　　　　(b) 充电特性曲线

图 2-28　定流充电

(2) 定电压充电法：在充电过程中充电电压保持不变的方法。优点：初期充电电流大，充电速度快，充电自行停止。缺点：充电电流不能调整，充电不彻底，只适用于补充充电。

采用定电压充电时，电源电压始终保持不变，如图 2-29 所示。

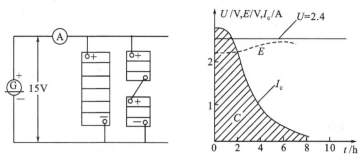

(a) 连接方式　　　　　　(b) 充电特性曲线

图 2-29　定压充电

(3) 脉冲快速充电法：正脉冲充电，停充(25 ms)，负脉冲(瞬间)放电；再停充(25 ms)；再正脉冲充电。优点：充电速度快，去硫化明显，使蓄电池的容量增加。缺点：使活性物质易脱落，对蓄电池的寿命有一定影响。

脉冲快速充电法克服了充电过程中所产生的极化现象，有效地提高了充电效率。其充电电流波形如图 2-30 所示。

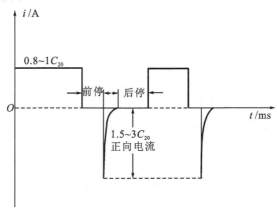

图 2-30　脉冲快速充电的电流波形

(四) 充电设备

(1) 汽车上：交流发电机。
(2) 充电室：硅整流充电机，晶闸管硅整流充电机。

(五) 充电种类

1. 初充电

对新蓄电池或更换极板后的蓄电池在使用之前的首次充电称为初充电。初充电可恢复蓄电池在存放期间因极板上部分活性物质缓慢放电和硫化而失去的电量。初充电的特点：充电电流小，充电时间长，必须彻底充足。

初充电的程序如下：

(1) 加注电解液：密度符合厂家规定，液面高度符合要求。
(2) 选择充电电流：改进恒流法 $I_{c1} = C_{20}/15$ (A)，$I_{c2} = C_{20}/30$ (A)。
(3) 连接蓄电池。
(4) 充电过程中应注意的问题：① 旋开加液孔；② 观察充电电流，及时调整；③ 每隔 2～3 h 应测量一次电压和密度，及时转为第二阶段；④ 经常测量温度，控制不高于 45℃。
(5) 调整电解液密度。

2. 补充充电

蓄电池在车辆上使用时，常有电量不足的现象(如起动困难等)，这时应对蓄电池进行补充充电。

需补充充电情况：起动无力时(非机械故障)；前照灯灯光暗淡，表示电力不足时；电解液密度下降到 1.20 g/cm^3 以下时；冬季放电超过 25%，夏季放电超过 50% 时。

补充充电与初充电的不同点：

(1) 充电前不需要加注电解液。

(2) 蓄电池补充充电电流的选择：$I_{c1} = C_{20}/10$ (A)，$I_{c2} = C_{20}/20$ (A)。

(3) 充电时间为 13～16 h。

3. 去硫化充电

当蓄电池极板轻微硫化时，可进行去硫化充电。间歇过充电是避免使用中极板硫化的一种预防性充电，一般应每隔 3 个月进行一次。充电方法是先按补充充电方式充足电，停歇 1 h 后，再以减半的充电电流进行过充电，直至充足电为止。

去硫化充电的程序如下：

(1) 倒出电解液，加入蒸馏水冲洗两次后，再加入蒸馏水。

(2) 用 $I_c = C_{20}/30$ (A)的电流进行充电，当密度上升到 1.15 g/cm^3 时，倒出电解液，再加蒸馏水继续充电，直至密度不再上升。

(3) 以 20 h 放电率放电至单体电池电压为 1.75 V 时，再进行上述充电。

(4) 反复进行以上过程，直至输出容量达到额定容量的 80% 以上即可使用。

4. 循环锻炼充电

蓄电池在使用中常处于部分放电的状态，参加化学反应的活性物质有限，为迫使相当于额定容量的活性物质都能参加工作，以避免活性物质由于长期不参与化学反应而收缩，每隔一段时间(如：3 个月)应对蓄电池进行一次循环锻炼充电。

充电方法是先用补充充电或间歇过充电将蓄电池充足电，然后以 20 h 放电率放完电，再用补充充电法充足电即可使用。

任务4　蓄电池常见故障检修

蓄电池的故障，除材料和工艺方面的原因之外，多数情况都是由于使用维护不当而造成的。蓄电池故障包括外部故障和内部故障。常见的外部故障有外壳破裂、封胶干裂、极桩螺栓和螺母腐蚀等。常见的内部故障有极板硫化、自行放电、极板活性物质大量脱落、极板短路、极板栅架腐蚀等。

蓄电池的外部故障通过检视即可发现。蓄电池的内部故障一般可通过观察电解液及极板的情况，或借助检查工具检查蓄电池的端电压等性能参数予以判断。

一、蓄电池的外部故障

(一) 外壳破裂

1. 故障原因

(1) 蓄电池固定螺母拧得过紧。

(2) 行车剧烈震动。

(3) 碰撞或敲击。

(4) 电解液结冰。

2．检查方法

检查电解液液面高度及蓄电池底部的潮湿情况。如果电解液液面过低及蓄电池底部有潮湿现象，则可以判定蓄电池外壳破裂。

3．排除方法

蓄电池外壳破裂轻者可修补，重者应更换。

(二) 封胶干裂

1．故障原因

(1) 蓄电池质量低劣。

(2) 蓄电池受到撞击。

2．排除方法

封胶干裂轻者可清洁干燥后，用喷灯喷裂纹处烤热熔封；重者可将封胶清除干净，重新封口。

(三) 极桩螺栓和螺母腐蚀

1．故障原因

(1) 蓄电池质量不佳，使用时有电解液溢出。

(2) 蓄电池充电电流过大，导致电解液挥发过快。

(3) 蓄电池的使用时间过长，电解液挥发，慢慢与极柱发生反应。

2．排除方法

极桩螺栓和螺母产生的腐蚀物，可用竹片刮去，再用 5% 的碱溶液擦拭，然后用清水清洗，待干燥后在极桩和接线端表面涂上凡士林。严重腐蚀的应更换极桩接线螺栓与螺母。

(四) 蓄电池爆炸

1．故障原因

蓄电池充电后期，电解液中的水分解为氢气和氧气。如果气体不能及时逸出，遇明火即迅速燃烧，从而引起爆炸。

2．预防措施

保持蓄电池加液螺塞通气孔畅通；严禁蓄电池周围有明火；蓄电池连接应可靠，以免松动引起火花。

二、蓄电池的内部故障

(一) 极板硫化

极板上生成白色粗晶粒硫酸铅的现象叫"硫酸铅硬化"，简称极板硫化。

1．故障特征

(1) 放电时，内阻大，电压急剧下降，不能持续供给起动电流。

(2) 充电时，内阻大，单体电池的充电电压高达 2.8 V 以上，密度上升慢，温度上升快，过早出现沸腾现象。

2. 产生硫化的原因

(1) 蓄电池长期充电不足或放电后不及时充电，温度变化时，硫酸铅发生再结晶。

(2) 蓄电池液面过低，极板上部发生氧化后与电解液接触，生成粗晶粒硫酸铅。

(3) 电解液密度过高、电液不纯或气温变化剧烈。

3. 措施

(1) 硫化不严重时，采用去硫化充电法充电。

(2) 硫化严重时，报废蓄电池。

(二) 自行放电

充足电的蓄电池，在无负载状态下，电量自行消失的现象称为自行放电，简称自放电。蓄电池的自放电是不可避免的。粗晶粒硫酸铅导电性差，正常充电很难还原，晶粒粗，体积大，堵塞活性物质孔隙，内阻增大。

1. 故障特征

如果充足电的蓄电池在 30 天之内每昼夜容量降低超过 2%，则称为故障性自放电。

2. 故障原因

(1) 电解液含杂质过多。

(2) 电解液密度偏高。

(3) 电池表面不清洁。

(4) 栅架中含锑。

3. 防止措施

(1) 使用符合标准的硫酸和蒸馏水配置电解液。

(2) 用于配置电解液的容器要保持清洁。

(3) 防止杂质进入电池内。

(4) 电池表面要保持清洁干燥。

4. 处理措施

产生自放电后，将电池完全放电，倒出电解液，取出极板组，抽出隔板，用蒸馏水冲洗之后重新组装，加入新的电解液。

(三) 极板活性物质大量脱落

活性物质的脱落主要指二氧化铅脱落，这也是蓄电池过早损坏的主要原因之一。

极板活性物质脱落一般多发生在正极板上。

1. 特征

充电时电解液中有棕色物质自底部上升，单体蓄电池端电压上升快，电解液过早出现"沸腾"现象，而电解液密度不能达到规定的最大值；放电时，蓄电池容量明显下降。

2．原因

极板活性物质大量脱落的原因有充电电流过大，过度充电时间过长，低温长时间大电流放电等。另外，蓄电池受到剧烈震动时，也会引起极板活性物质脱落。

(四) 极板短路

1．特征

充电过程中，电解液温度迅速上升，单体蓄电池端电压与电解液密度上升缓慢；放电时，蓄电池容量明显下降。即：充电电压很低或为零，密度上升很慢或不上升，充电中气泡很少或无气泡。

2．原因

极板短路的原因有活性物质脱落、极板拱曲等。

(五) 极板栅架腐蚀

极板栅架腐蚀主要是指正极板栅架腐蚀，是蓄电池丧失工作能力的主要原因之一。

1．特征

极板呈腐烂状态；活性物质以块状堆积在两隔板之间；蓄电池的容量降低。

2．原因

极板栅架腐蚀的原因主要是氧化所致。

三、蓄电池故障的判断与排除

蓄电池的故障主要是由于接触点因受腐蚀引起接触不良、电线绝缘层损坏或者电气设备内部短路等造成的。蓄电池放电故障的诊断与排除流程图如图 2-31 所示。

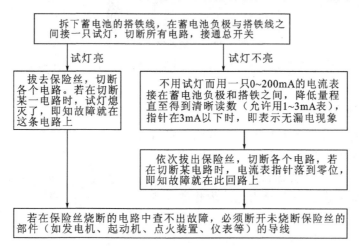

图 2-31　蓄电池放电故障的诊断与排除流程图

【拓展知识】

汽车用新型蓄电池

为避免污染和噪声，人们一直希望用电池电动机组代替现有的汽车发动机。这不但可以节省石油，而且可使汽车的传动系统简化，操纵方便。

作为汽车动力源的电池，应为能量密度大、输出电流大、寿命长、使用方便、价格适中。目前汽车用铅蓄电池，其比能量仅为 $40\sim50$ W·h/kg，质量大，容量小，又需经常充电，无法作为长途汽车的动力源。新型高能电池的比能量应达到 140 W·h/kg 以上，循环使用寿命 800 次以上，续驶里程为 240 km。

正在研制的新型高能电池种类繁多，其中较有应用前途的是钠硫蓄电池、燃料电池、锌空气电池等。

1. 钠硫蓄电池

钠硫蓄电池是电动汽车蓄电池，美国福特汽车公司的 Minivan 电动汽车使用的就是钠硫蓄电池。它已被美国先进电池联合体(USMABC)列为中期发展的电动汽车蓄电池。德国 ABB 公司生产的 B240K 型钠硫蓄电池，其质量为 17.5 kg，蓄电量为 19.2 kW·h，比能量达 109 W·h/kg，循环使用寿命 1200 次，装车试验时最好的一辆车无故障地行驶了 2300 km。

钠硫蓄电池的外形如图 2-32 所示。

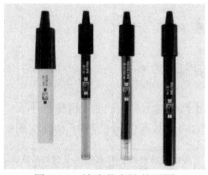

图 2-32 钠硫蓄电池外形图

钠硫蓄电池主要存在高温腐蚀严重，使用寿命较短，性能稳定性及使用安全性不太理想等问题。

2. 燃料电池

燃料电池是一种将储存在燃料和氧化剂中的化学能通过电极反应直接转化为电能的发电装置。如图 2-33 所示，它不经历热机过程，不受热力循环限制，故能量转换效率高(燃料电池的化学能转换效率在理论上可达 100%，实际效率已达 60%~80%，是普通内燃机热效率的 2~3 倍)。现在应用于电动汽车中的燃料电池是一种被称为质子交换膜燃料电池(PEMFC)，它以纯氢为燃料，以空气为

图 2-33 燃料电池外形图

氧化剂。

在 1993 年加拿大温哥华科技展览会上，加拿大的 BALLABC 公司推出了世界上第一辆以 PEMFC 为动力的电动公共汽车，载客 20 人，可持续行驶 160 km，最高速度 72.2 km/h。德国奔驰汽车公司也研制了以 PEMFC 为动力的电动汽车。

3. 锌空气电池

锌空气电池的工作原理如图 2-34 所示，其潜在比能量在 200 W·h/kg 左右。美国 DEMI 公司为电动汽车开发的锌空气电池的比能量已达 160 W·h/kg 左右，但它目前尚存在寿命短、比功率小、不能输出大电流及难以充电等缺点。美国的 CRX 电动汽车装的就是锌空气电池，该车为弥补它的不足，还装有镍镉蓄电池以帮助汽车起运和加速。CRX 电动汽车的锌空气电池组质量为 340 kg，充足电后可存储 45 kW·h 的能量，同时装备 CRX 的重达 159 kg 的镍锡蓄电池充足电后有 4 kW·h 的能量。CRX 电动汽车充电 12 分钟可行驶 65 km，充电 1 小时则可行驶 160 km。

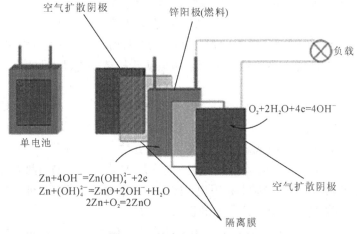

图 2-34　锌空气电池原理图

锌空气电池具有放电电压稳定、没有污染等优点，但工作时要消耗一定的能量用于清除空气中的二氧化碳、滤清、通风等，还需要限制放电电压等缺点，仍需进一步研究解决。

思 考 与 练 习

一、填空题

1. 汽车蓄电池是一种提供和储存_____的_____装置。

2. 蓄电池放电时将_____能转变成_____能。

3. 正极板、负极板和隔板的组合称为_____。

4. 汽车蓄电池中用的电解液含_____水和_____硫酸。

5. 完全充电的汽车蓄电池，电解液(校正到 80F)的相对密度为_____。

6. _____是指栅格板上生长出细小的金属蕊，它穿过隔板而造成极板组短路。

7. _____额定值，表示在低温条件下蓄电池能输出多少电流起动发动机。

8. 电解液引起的化学反应发生在_____极板的二氧化铅和_____极板的_____

之间。

9. 选择汽车蓄电池规格要根据发动机_____、发动机_____、_____条件和汽车_____等因素。

10. 点火开关在 OFF 时仍然供电的负载称为_____负载。

二、选择题

1. 甲说,蓄电池以电子方式蓄电;乙说,蓄电池以化学方式储能。甲、乙两人的说法中,( )。

  A. 甲正确   B. 乙正确   C. 两人均正确   D. 两人均不正确

2. 甲说,对蓄电池的最大需求是开动起动电机的时候;乙说,开动起动电机需要几百安培电流。甲、乙两人的说法中,( )。

  A. 甲正确   B. 乙正确   C. 两人均正确   D. 两人均不正确

3. 甲说,即使关闭了点火开关,对蓄电池还有电流需求;乙说,发动机起动后,汽车的充电系统便给蓄电池再充电和给电气系统供电。甲、乙两人的说法中,( )。

  A. 甲正确   B. 乙正确   C. 两人均正确   D. 两人均不正确

4. 在讨论蓄电池的电流容量额定时:甲说,蓄电池能产生的电能由它的尺寸、质量和极板有效面积而定;乙说,蓄电池的电流容量取决于构造蓄电池的材料。甲、乙两人的说法中,( )。

  A. 甲正确   B. 乙正确   C. 两人均正确   D. 两人均不正确

5. 在讨论蓄电池结构时:甲说,12 V 蓄电池由 6 个单体电池并联组成;乙说,12 V 蓄电池由 6 个单体电池串联组成。甲、乙两人的说法中,( )。

  A. 甲正确   B. 乙正确   C. 两人均正确   D. 两人均不正确

6. 在讨论一般蓄电池的维护时:甲说,如果单体电池液面低了,便给加电解液;乙说,只能给单体电池加蒸馏水。甲、乙两人的说法中,( )。

  A. 甲正确   B. 乙正确   C. 两人均正确   D. 两人均不正确

7. 在讨论有关蓄电池的术语时:甲说,栅格板生长是指栅格板生长出细小的金属蕊,它穿过隔板而造成极板组短路;乙说,过度充放电是蓄电池几乎完全放电而没有给它再充电。甲、乙两人的说法中,( )。

  A. 甲正确   B. 乙正确   C. 两人均正确   D. 两人均不正确

8. 在讨论确定蓄电池容量规格的方法时:甲说,安·时额定值是根据给蓄电池所加的负载(以 A 计)而定的,即在 0T(−17.7℃)条件下蓄电池能 30 s 连续给负载供电而端电压降落不低于 7.2 V(对于 12 V 蓄电池);乙说,冷起动能力额定值,是一只完全充电的蓄电池,在 80F(26.7℃)条件下,能连续 20 h 输出稳定电流而单体电池电压降不低于 1.75 V。甲、乙两人的说法中,( )。

  A. 甲正确   B. 乙正确   C. 两人均正确   D. 两人均不正确

9. 在讨论混合蓄电池时:甲说,混合蓄电池能耐 6 次极度充放电而仍 100% 保持本来的储备容量;乙说,混合蓄电池作为正极板的栅格板用含锑 2.75% 的铅合金,作为负极板的栅格板用含钙的铅合金。甲、乙两人的说法中,( )。

  A. 甲正确   B. 乙正确   C. 两人均正确   D. 两人均不正确

10. 甲说,蓄电池电缆极性接反会损坏车上的计算机系统;乙说,车上的蓄电池必须固定，否则，会震坏，震歪了可能引起两电极桩短路。甲、乙两人的说法中，（　　）。

A．甲正确　　　　B．乙正确　　　　C．两人均正确　　　　D．两人均不正确

三、简答题

1. 简述蓄电池的组成与结构。

2. 试述蓄电池充放电过程的工作原理。

3. 蓄电池的常见技术参数有哪些？各表示什么含义？

4. 如何识别蓄电池的型号？如何正确选择合适型号的蓄电池？

5. 蓄电池有哪些常见故障？如何正确使用才能避免这些故障？

6. 蓄电池的安全使用注意事项有哪些？

7. 试述免维护铅酸蓄电池的特点。

8. 蓄电池的技术状况检测有哪些项目？

9. 如何对蓄电池进行充电？

项目三　交流发电机及其电压调节器的结构与检修

【知识目标】

(1) 掌握交流发电机的工作原理。
(2) 掌握电压调节器的调节原理。
(3) 掌握电源系统常见故障原因及故障排除方法。

【技能目标】

(1) 能从车上拆卸发电机，并能进行分解安装。
(2) 能对发电机各部件进行检测。
(3) 能检测调节器的性能好坏。
(4) 能正确检查电源系统的工作线路，并能对常见故障进行检修。

任务1　交流发电机的结构原理与检修

蓄电池的能量是有限的，不能满足汽车长时间连续供电的需求。在发动机正常工作时，交流发电机是汽车的主要电源。交流发电机是由发动机驱动的，它与电压调节器互相配合工作。

一、交流发电机的类型与功能

(一) 交流发电机的类型

发电机有直流发电机和交流发电机两种。直流发电机曾经在汽车上使用过，目前已被淘汰。现在汽车广泛使用的是交流发电机。交流发电机具有发电性能好，使用寿命长，体积小，重量轻，结构紧凑等优点。目前，以硅整流交流发电机应用最为普遍。

(二) 交流发电机的功能

整体式交流发电机有以下三个主要功能：
(1) 发电。由发动机带动发电机的转子旋转，在定子线圈中产生交流电流。
(2) 整流。利用整流电路将定子线圈产生的交流电整流成直流电，为汽车上的用电设备提供电源。
(3) 调节电压。利用电压调节器调节发电机的电压，在发电机转速和负载发生变化时，使供电电压保持稳定。

二、交流发电机的构造

交流发电机在汽车上的安装位置如图 3-1 所示。

目前国内外生产的汽车交流发电机，其结构基本相同，主要由转子、定子、整流器、前端盖与后端盖、带轮及风扇等组成。图 3-2 为交流发电机的整体结构(用于红旗、奥迪轿车)。

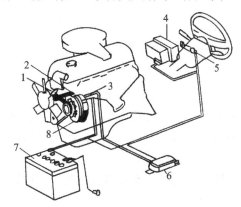

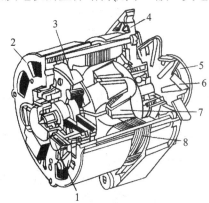

1—V带；2—调整臂；3—发电机；4—仪表盘；
5—点火开关；6—调节器；7—蓄电池；8—支架

图 3-1　交流发电机在汽车上的安装位置

1—电刷及电压调节器；2—后端盖；3—元件板总成；
4—前端盖；5—带轮；6—风扇；7—转子；8—定子

图 3-2　交流发电机的整体结构(用于红旗、奥迪轿车)

图 3-3 为 JF132 型交流发电机的解体图(用于东风汽车)。

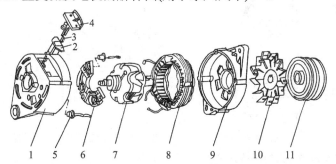

1—后端盖；2—电刷架；3—电刷；4—电刷弹簧压盖；5—硅二极管；
6—元件板；7—转子；8—定子；9—前端盖；10—风扇；11—带轮

图 3-3　JF132 型交流发电机的解体图(用于东风汽车)

(一) 转子

交流发电机的转子是用来建立磁场的，主要由两块爪极、励磁绕组、轴和集电环等组成，如图 3-4 所示。

1—集电环；2—轴；3—爪极；4—磁轭；5—励磁绕组

图 3-4　交流发电机的转子

转子磁场的磁力线分布与磁场电路原理如图 3-5 所示。

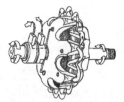

(a) 磁场的磁力线分布

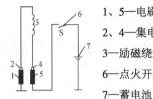
(b) 磁场电路原理

1、5—电刷；

2、4—集电环；

3—励磁绕组；

6—点火开关；

7—蓄电池

图 3-5　转子磁场的磁力线分布与磁场电路原理

(二) 定子

定子又称电枢，是用来产生交流电动势的。定子安装在转子的外面，和发电机的前、后端盖固定在一起，当转子在其内部转动时，引起定子绕组中磁通的变化，定子绕组中就产生交变的感应电动势。定子由定子铁心和定子绕组(线圈)组成。定子及定子绕组的联结方式如图 3-6 所示。

图 3-7 为 JF132 型交流发电机定子绕组的展开图，发电机有 6 对磁极，定子总槽数为 36，即 1 对磁极对应 6 个槽。

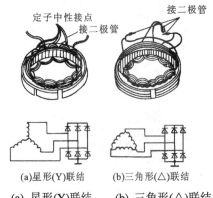

(a) 星形(Y)联结　　(b) 三角形(△)联结

图 3-6　定子及定子绕组的联结方式

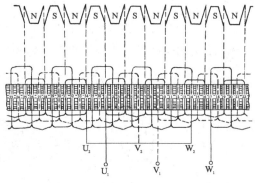

图 3-7　JF132 型交流发电机定子绕组的展开图

(三) 整流器

交流发电机的整流器是由 6 只硅整流二极管组成的三相桥式整流电路。如图 3-8 所示，硅整流二极管分为正极管子和负极管子。

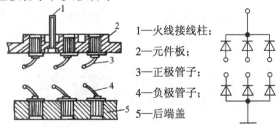

1—火线接线柱；

2—元件板；

3—正极管子；

4—负极管子；

5—后端盖

(a) 正、负极管实物连接图　　(b) 正、负极管电路连接图

图 3-8　硅整流二极管的安装

(四) 前端盖与后端盖

前端盖与后端盖是由非导磁材料铝合金制成的，漏磁少，并具有轻便、散热性能好等优点。目前，交流发电机的电刷架有两种结构形式，如图 3-9 所示。

交流发电机的搭铁形式分为内搭铁式和外搭铁式两种。内搭铁式的交流发电机，其励磁绕组的两端通过电刷分别引至发电机后端盖上的接线柱，即"F"(或"磁场")和"E"(或"搭铁")接线柱，如图 3-10(a)所示；外搭铁式的交流发电机，其励磁绕组的两端分别引至后端盖上的接线柱，即"F₁"和"F₂"接线柱，如图 3-10(b)所示。

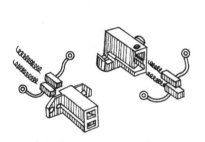

(a) 外装式　　(b) 内装式

图 3-9　电刷架的结构形式

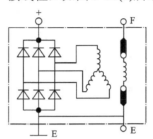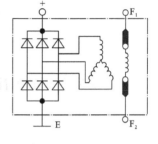

(a) 内搭铁式　　　　　　　(b) 外搭铁式

图 3-10　交流发电机的搭铁形式

(五) 带轮及风扇

如图 3-11(a)所示为奥迪轿车所用的发电机。对于一些高档轿车，其发电机的功率大、体积小，为了提高散热强度，一般装有两个风扇，且将风扇叶直接焊在转子上。如图 3-11(b)所示为丰田轿车所用的发电机。

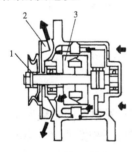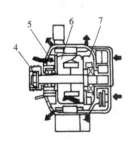

(a) 单风扇式　　　　　　　　(b) 双风扇式

1、4—带轮；2、5、7—风扇；3、6—转子

图 3-11　交流发电机的通风

根据我国汽车行业标准 QC/T 73—1993《汽车电气设备产品型号编制方法》的规定，汽车交流发电机的型号组成如下：

$$\boxed{1}-\boxed{2}-\boxed{3}-\boxed{4}-\boxed{5}$$

1——产品代号，交流发电机的产品代号有 JF、JFZ、JFB、JFW 四种，分别表示交流发电机、整体式交流发电机、带泵式交流发电机和无刷式交流发电机。

2——电压等级代号，用一位阿拉伯数字表示，见表 3-1。

3——电流等级代号，用一位阿拉伯数字表示，见表 3-2。

4——设计序号，按产品的先后顺序，用阿拉伯数字表示。

5——变形代号，交流发电机是以调整臂的位置作为变形代号的。

表 3-1　电压等级代号

电压等级代号	1	2	3	4	5	6
电压等级/V	12	24	—	—	—	6

表 3-2　电流等级代号

电流等级代号(发电机类型)	1	2	3	4	5	6	7	8	9
整体式交流发电机 (带泵式、无刷式、永磁式)/A	≤19	20～29	30～39	40～49	50～59	60～69	70～79	80～89	≥90

三、交流发电机的工作原理

(一) 发电原理

交流发电机产生交流电的基本原理是电磁感应原理，具体地说交流发电机是利用产生磁场的转子旋转，使穿过定子绕组的磁通量发生变化，在定子绕组内产生交流感应电动势。图 3-12 所示为交流发电机的工作原理图。

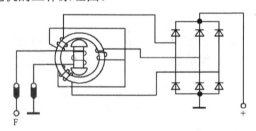

图 3-12　交流发电机的工作原理图

(二) 整流原理

利用硅整流二极管的这种单向导电性，制成了交流发电机的硅整流器，使交流电变为直流电。硅整流器实际上是一个由 6 只硅整流二极管组成的三相桥式整流电路，如图 3-13 所示。

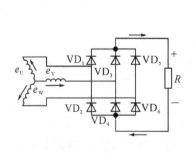

(a) 整流原理

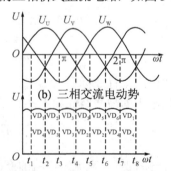

(c) 整流后发电机输出的平稳脉冲电压

图 3-13　三相桥式整流电路中的电压、电流波形

有的发电机具有中性点接线柱，如图 3-14 所示。中性点接线柱是从三相绕组的末端引出来的，标记为"N"，输出电压为 U_N。

对有些交流发电机(如桑塔纳、奥迪等轿车)来说，在三相绕组的中性点处接上两只中性点二极管(功率二极管)，并通过两只中性点二极管与桥式整流器的正、负输出端相连，如图 3-15 所示。

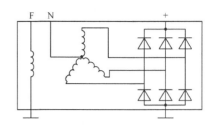

图 3-14 带有中性点接线柱的交流发电机

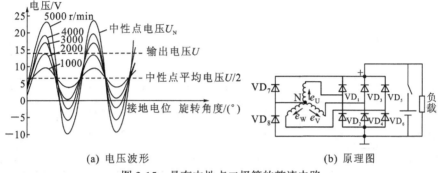

(a) 电压波形

(b) 原理图

图 3-15 具有中性点二极管的整流电路

(三) 励磁方法

图 3-16 所示为交流发电机的励磁电路。

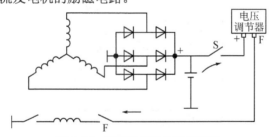

图 3-16 交流发电机的励磁电路

以上分析的励磁电路只是一个基本电路，这样的励磁电路还存在一个缺点，即驾驶员如果在发动机熄火后忘记将点火开关 S 关闭，蓄电池就会通过电压调节器向发电机励磁绕组长时间放电。针对这一问题，有很多车型使用了九管交流发电机，如图 3-17 所示。

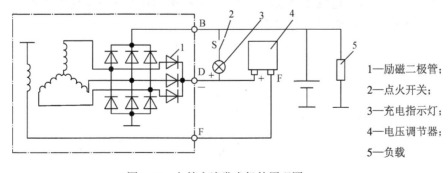

1—励磁二极管；

2—点火开关；

3—充电指示灯；

4—电压调节器；

5—负载

图 3-17 九管交流发电机的原理图

四、交流发电机的工作特性

(一) 输出特性

表 3-3 为国产交流发电机的主要性能指标。

表 3-3 国产交流发电机的主要性能指标

交流发电机型号	额定电压/V	额定电流/A	空载转速/ (r/min)	满载转速/ (r/min)	适用车型
JF1314ZD	12	25	1000	3500	CA1090
JF1314-1	12	25	1000	3500	CA1090
JF1314B	12	25	1000	3500	EQ1090-1
JF1313Z	12	25	1000	3500	BJ106 系列
JF13A	12	25	1000	3500	NJ114 系列
JFZ1714	12	45	1000	6000	桑塔纳
JFZ1913Z	12	90	1050	6000	标致
JFZ1512Z	12	55	1050	6000	切诺基

图 3-18 所示为交流发电机的输出特性曲线。

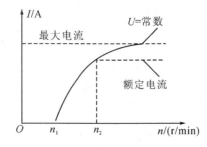

图 3-18 交流发电机的输出特性曲线

(二) 空载特性

空载特性是研究发电机在空载运行时，其端电压 U 随转速 n 变化的关系，即输出电流 $I = 0$ 时，$U = f(n)$ 的曲线，如图 3-19 所示。

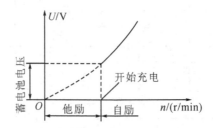

图 3-19 交流发电机的空载特性曲线

(三) 外特性

外特性是研究发电机转速 n 一定时，其端电压 U 与输出电流 I 的关系，即转速 n 为常数时，$U = f(I)$ 的曲线，如图 3-20 所示。

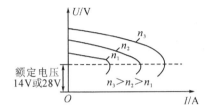

图 3-20　交流发电机的外特性曲线

从外特性曲线可以看出发电机电压受负载影响的程度：如果发电机在高速运转时，突然失去负载，发电机电压会突然升高，致使发电机及调节器等内部电子元件有被击穿的危险。

五、交流发电机的使用与检查

(一) 交流发电机拆卸

交流发电机拆卸是指将交流发电机从汽车上拆卸下来，具体步骤如下：
(1) 脱开蓄电池负极端子电缆。
(2) 脱开发电机电缆和连接器。
(3) 取下交流发电机传动皮带，拆下交流发电机和支架。

(二) 交流发电机分解

交流发电机分解步骤如下：
(1) 拆卸发电机皮带轮。
(2) 拆卸发电机电刷座总成。
(3) 拆卸发电机电压调压器总成。
(4) 拆卸发电机整流器。
(5) 拆卸发电机转子总成。

(三) 交流发电机解体后的检查

1. 转子检查

如图 3-21 所示，用万用表 $R \times 1$ 挡检测两滑环之间的电阻值，电阻值介于 $1 \sim 4 \ \Omega$ 之间。若电阻值为"∞"，则说明断路；若电阻值趋于"0"，则说明短路。

2. 定子检查

(1) 定子绕组断路检查：如图 3-22 所示，用万用表 $R \times 1$ 挡检测定子绕组三个接线端，两两相测，电阻值应小于 $1 \ \Omega$。若电阻值为"∞"，则说明断路。
(2) 定子绕组搭铁检查：用万用表电阻最大挡检测定子绕组接线端与定子铁心间的电

阻值，电阻值应为"∞"，否则说明有搭铁故障。

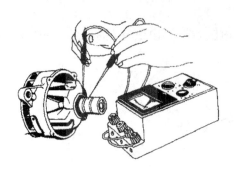

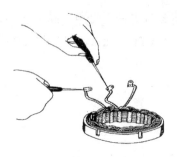

图 3-21　检测滑环间的电阻值　　　　　　　图 3-22　检测定子绕组

3. 整流器检查

(1) 二极管的检查：将万用表的正、负表笔分别接二极管引出极，测其电阻值，然后对换表笔，再测其电阻值。若其中一次电阻值大于 $10\ k\Omega$，而另一次电阻值为 $8\sim10\ \Omega$，则说明该二极管性能良好；若两次测得的电阻值均为"∞"，则为断路；若两次测得的电阻值均为"0"，则为短路。

(2) 二极管的极性判别：用指针式万用表检测时，若二极管的电阻值为 $8\sim10\ \Omega$，则黑表笔接的是二极管正极，红表笔接的是二极管负极；用数字式万用表检测时，结果与上述相反。

4. 电刷组件检查

(1) 外观检查：电刷表面应无油污，无破损、变形，且应在电刷架中活动自如。

(2) 电刷长度检查：用游标卡尺或钢板尺测量电刷露出电刷架的长度，应与规定相符。

(3) 弹簧压力测量：检测电刷弹簧压力，应与规定相符。

(四) 交流发电机的安装

(1) 在轴承内加注润滑脂。

(2) 将转子、前端盖、风扇及传动皮带轮装合在一起。

(3) 安装电刷架、电刷及弹簧。

(4) 将元件板安装在后端盖中。

(5) 将定子线圈与后端盖合装在一起，连接好二极管与定子线圈的引出线。

(6) 将两端盖装合在一起，拧紧螺钉。

(7) 安装交流发电机接线桩头。

六、交流发电机的故障测试与检修

(一) 整机测试

1. 测量各接线柱之间的电阻值

利用万用表的 $R\times1$ 挡测量"F"与"－"之间的电阻值，"＋"与"－"之间和"＋"与"F"之间的正、反向电阻值，也可以判断交流发电机内部的技术状况，其标准值见表 3-4。

表 3-4　交流发电机各接线柱之间的电阻值

交流发电机型号	"F"与"-"之间的电阻值/Ω	"+"与"-"之间的电阻值/Ω		"+"与"F"之间的电阻值/Ω	
		正向	反向	正向	反向
JF11	5～6	40～50	>1000	50～60	>1000
JF13					
JF21					
JF12	19.5～21	40～50	>1000	50～70	>1000
JF22					
JF23					
JF26					

2. 空载转速的测试

空载电压的测试在万能试验台上进行，接线方法如图 3-23 所示。

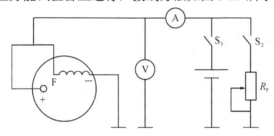

图 3-23　交流发电机的空载和满载测试

3. 满载转速的测试

有些故障，在没有电流输出的情况下是表现不出来的，所以在对发电机进行空载转速测试后，应再作满载转速测试。满载转速测试可以接着空载转速测试进行，如图 3-23 所示。

4. 用示波器观察输出电压波形

当交流发电机有故障时，其输出电压的波形将出现异常，因此根据输出电压波形可以判断交流发电机内部二极管及定子绕组是否有故障。交流发电机出现各种故障时输出电压的波形如图 3-24 所示。

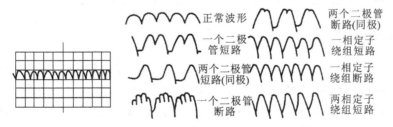

图 3-24　交流发电机出现各种故障时输出电压的波形

(二) 交流发电机零部件的检修

1. 转子的检修

如图 3-25 所示，用万用表可检测励磁绕组是否短路和断路。如果电阻值低于标准值(见

表 3-4)，则说明励磁绕组短路；如果电阻值为无穷大，则说明励磁绕组断路。

如图 3-26 所示，用万用表可检测励磁绕组是否搭铁。

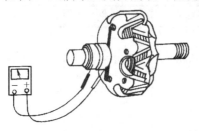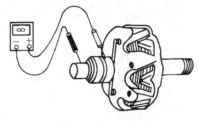

图 3-25　用万用表检测励磁绕组是否短路和断路　　　图 3-26　用万用表检测励磁绕组是否搭铁

2. 定子的检修

如图 3-27 所示，用万用表可检测定子绕组是否断路。如图 3-28 所示，用万用表可检测定子绕组是否搭铁。

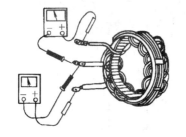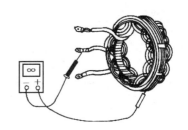

图 3-27　用万用表检测定子绕组是否断路　　　图 3-28　用万用表检测定子绕组是否搭铁

任务 2　电压调节器的结构原理与检修

交流发电机端电压受转速和负载变化的影响较大，因此必须配用电压调节器来控制电压。电压调节器的功用是：在发动机转速和发电机上的负载发生变化时，自动控制发电机的输出电压，使其保持恒定，防止因发电机的电压过高而造成用电设备的损坏和蓄电池过充电，同时也防止因发电机电压过低而导致用电设备不能正常工作和蓄电池充电不足。

一、电压调节原理

根据电磁感应原理，发电机的感应电动势为 $E_\Phi = C_1 n \Phi$，其中 C_1 为发电机的结构常数，因此，交流发电机端电压的高低取决于转子的转速 n 和磁极磁通 Φ。要保持电压恒定，在转速 n 升高时，应相应减弱磁通 Φ，这可以通过减少励磁电流来实现；在转速 n 降低时，应相应增强磁通 Φ，这可以通过增大励磁电流来实现。

二、电压调节器的类型

交流发电机电压调节器按工作原理可分为触点式和电子式调节器两大类。触点式又可分为单级触点式和双级触点式，电子式又可分为晶体管式和集成电路式，其基本原理都是通过改变励磁电流的大小来控制电压的。

触点式电压调节器结构复杂，质量和体积大，触点易烧蚀，寿命短，对无线电干扰大，虽然采取了一些措施，但仍具有一定的机械惯性和磁惯性，触点开闭动作迟缓，可靠性不高，目前已被淘汰。

图 3-29 所示为晶体管式电压调节器的基本电路。

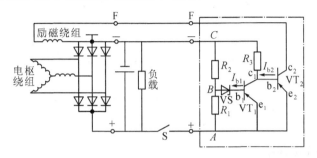

图 3-29　晶体管式电压调节器的基本电路

JFT106 型电压调节器属于外搭铁式晶体管式电压调节器。图 3-30 所示为解放 CA1092 型汽车用 JFT106 型晶体管式电压调节器工作原理图。

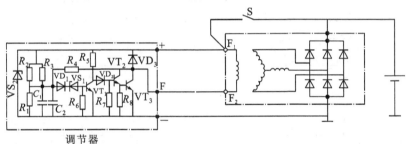

调节器

图 3-30　解放 CA1092 型汽车用 JFT106 型晶体管式电压调节器工作原理图

集成电路式电压调节器根据不同的电压检测方法可分为发电机电压检测法和蓄电池电压检测法两种电路，如图 3-31 所示。

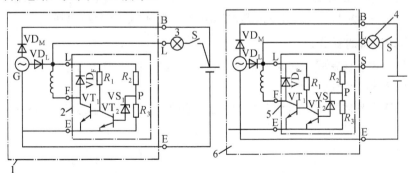

(a) 发电机电压检测法　　　　　(b) 蓄电池电压检测法

1、6—发电机；2、5—集成电路式电压调节器；3、4—充电指示灯

图 3-31　集成电路式电压调节器的基本电路

图 3-32 所示为广泛使用的内装集成电路式电压调节器的整体式交流发电机的原理电路，为蓄电池电压检测法。

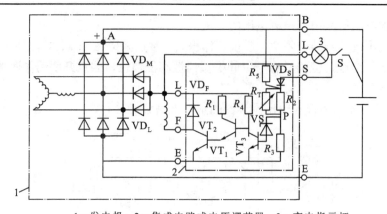

1—发电机；2—集成电路式电压调节器；3—充电指示灯

图 3-32　内装集成电路式电压调节器的整体式交流发电机的原理电路

三、电压调节器的检测

1. 晶体管式电压调节器类型的判别

将晶体管式电压调节器的"+"、"－"分别接蓄电池分压器或直流稳压电源的"正"、"负"极。将电压预调至 12 V(24 V 电压调节器调到 24 V)，如图 3-33 所示。

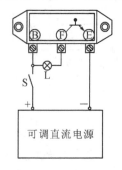
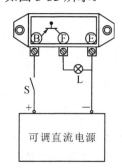

(a) 外搭铁式晶体管式电压调节器　　　(b) 内搭铁式晶体管式电压调节器

图 3-33　晶体管式电压调节器类型的判别与性能检测接线图

2. 电压调节器的测试

(1) 内搭铁式晶体管式电压调节器的测试：按如图 3-34 所示方法，可对内搭铁式晶体管式电压调节器进行测试。

(2) 外搭铁式晶体管式电压调节器的测试：按如图 3-35 所示方法，可对外搭铁式晶体管式电压调节器进行测试。

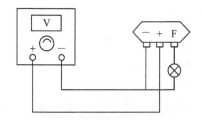

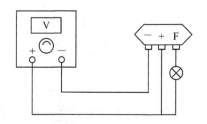

图 3-34　内搭铁式晶体管式电压调节器的测试　　　图 3-35　外搭铁式晶体管式电压调节器的测试

（3）集成电路式电压调节器的测试：整体式交流发电机的励磁绕组一般是通过电压调节器搭铁的，根据这一原理，按如图 3-36 所示方法，先将可调直流电流与集成电路式电压调节器用导线连接好，测试方法与上述两种方法相同。

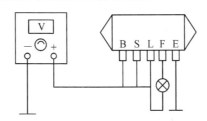

图 3-36　集成电路式电压调节器的测试

3. 电压调节器性能及故障检测

对于外搭铁式晶体管式电压调节器按如图 3-33(a)所示方法连接线路，对于内搭铁式晶体管式电压调节器按如图 3-33(b)所示方法连接线路。

接通开关 S，然后由 0 V 逐渐调高直流电源电压 U，观察小灯泡的工作情况：

（1）若小灯泡 L 的亮度随电压的升高而增强，且当电压 U 调高到调节电压值(14 V 电压调节器为 13.5～14.5 V，28 V 电压调节器为 27.0～29.0 V)或略高于调节电压值时，小灯泡熄灭，则电压调节器工作正常。

（2）若小灯泡 L 始终发亮，则说明电压调节器已损坏，其原因可能是大功率三极管短路或前级驱动电路的三极管或稳压管断路。该电压调节器若装车使用，则将使磁场电流始终存在，发电机电压将随转速升高而失控，这将极易造成用电设备的损坏。

（3）若小灯泡 L 始终不亮(灯泡未坏)，则说明电压调节器已损坏，其原因可能是大功率三极管断路或前级驱动电路的三极管或稳压管短路。该电压调节器若装车使用，发电机将不发电。

4. 交流发电机与电压调节器的维护注意事项

（1）检测电源系统前，需进行初步检验，具体包括以下几个方面。

① 检查发电机传动带的状况。传动带过松，将影响发电机的发电量；传动带过紧，将导致轴承过早损坏。如图 3-37 所示为奥迪轿车发电机传动带松紧度的检测，标准值为 10～15 mm。

② 检查发电机、电压调节器的线束连接。

③ 检查蓄电池的电缆线和极桩，发动机与底盘的搭铁线。

图 3-37　奥迪轿车发电机传动带
松紧度的检测

④ 检查蓄电池有无充电不足的迹象。

⑤ 检查蓄电池有无过充电的迹象。

（2）解体后清洁各个部件，在进行零部件检测前进行简单检验，具体包括以下几个方面。

① 通过使前后轴承在转子轴上旋转的办法检查轴承有无噪声、晃动或发涩。

② 目测检查集电环。

③ 目测定子绕组和励磁绕组转子有无绝缘物烧蚀的迹象，如果有，则更换定子或转子总成。

④ 目测前端盖与后端盖、风扇及带轮有无裂纹。

⑤ 电刷高度小于 7 mm 时，必须更换。

(3) 发电机的拆卸注意事项如下：

① 必须首先拆下蓄电池的搭铁线，然后才可以断开发电机与电压调节器的线束。

② 当拆卸发电机轴承时，必须使用拉力器，如图 3-38 所示。

③ 一般情况下，发电机的带轮、风扇和前端盖不必从转子轴上拆卸。

④ 拆卸整流器及后端盖上的接线柱时，所有绝缘衬套和绝缘垫圈不得丢失。

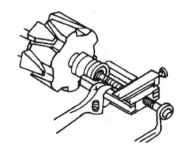

图 3-38　用拉力器拆卸发电机轴承

任务3　电源系统常见故障诊断

汽车电源系统各个组成部分的检测方法是电源系统故障检测的基础。电源系统的常见故障有不充电、充电电流过小、充电电流过大等。

下面以外装电压调节器的电源系统的故障诊断为例予以说明。

一、不充电故障的诊断

1. 故障现象

起动发动机，充电指示灯仍然点亮，即说明电源系统存在不充电故障。

2. 故障原因

1) 发电机故障

(1) 整流二极管损坏。

(2) 滑环脏污，电刷架变形使电刷卡住，电刷磨损过甚，引起磁场电路不通。

(3) 发电机磁场绕组或定子三相绕组有断路、短路或搭铁故障。

2) 电压调节器故障

(1) 电压调节器调节电压过低。

(2) 电压调节器损坏。很可能是大功率管断路或其他元件故障。

3) 其他故障

(1) 发电机连线断路。

(2) 发电机传动带打滑。

(3) 电流表损坏或充电指示灯损坏。

(4) 带有磁场继电器的电源系统，可能是继电器线圈或电阻烧断，触点接触不良。

3. 故障诊断

不充电故障的诊断流程图如图 3-39 所示。

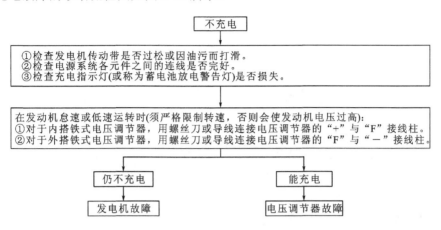

图 3-39　不充电故障的诊断流程图

二、充电电流过小故障的诊断

1. 故障现象

(1) 若将发动机转速由低速逐渐升高至中速(1500 r/min)时，打开大灯，其灯光暗淡；按喇叭，其音量小，电流表(或充电指示灯)指示放电，则说明充电电流过小。

(2) 发动机中速时，观察电流表指示充电电流的大小。如果电流表指示的充电电流为 8～12 A，则说明正常；如果电流表指示的充电电流小于 5 A(在蓄电池电量不足的情况下)，则说明电源系统存在充电电流过小的故障。

2. 故障原因

1) 发电机故障

(1) 个别整流二极管损坏。

(2) 定子三相绕组局部短路或有一相接头断开。

(3) 抑制干扰的电容器短路。

(4) 磁场绕组局部短路。

2) 电压调节器故障

(1) 电压调节器电压过低。

(2) 触点式电压调节器的触点接触不良。

3) 其他故障

(1) 发电机风扇皮带过松、打滑。

(2) 线路接触不良，接触电阻过大。

3. 故障诊断

充电电流过小故障的诊断流程图如图 3-40 所示。

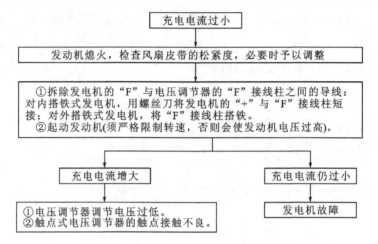

图 3-40　充电电流过小故障的诊断流程图

三、充电电流过大故障的诊断

1. 故障现象

电源系统在发动机正常运转时，蓄电池电压达到额定充电电压，但充电电流仍然在 10 A 以上。

2. 故障原因

电压调节器失调所致。

3. 故障诊断

对于装有触点式电压调节器的电源系统，应进行弹簧弹力及衔铁间隙的调整，使之符合要求。对于装有晶体管式电压调节器的电源系统，应检查电压调节器或其连线是否短路、发电机与电压调节器是否匹配。

四、充电指示灯故障的诊断

1. 故障现象

若将点火开关拨到"ON"位置，充电指示灯"亮"，起动发动机运转到 600～800 r/min，充电指示灯"灭"，则说明充电指示灯电路正常。若将点火开关拨到"ON"位置，充电指示灯"不亮"，则说明充电指示灯电路出现故障。

2. 故障诊断

首先，检测充电指示灯灯泡是否良好。若充电指示灯灯泡正常，再继续检测充电指示灯电路。

【拓展知识】

无 刷 交 流 发 电 机

无刷交流发电机是指无电刷、无滑环的交流发电机。无刷交流发电机在结构上没有电刷和滑环，所以不会因为电刷和滑环的磨损与接触不良而造成励磁不稳定或发电机不发电等故障，而且工作时不会产生火花，减少了无线电干扰。

无刷交流发电机的优点是结构新颖、性能优良、工作稳定、故障率低；缺点是爪极间连接工艺困难，由于磁路中间隙加大，发电机相同输出功率下需加大励磁电流。

无刷交流发电机的结构形式有爪极式、励磁机式、永磁式和感应子式四种，其中爪极式无刷交流发电机最为常见。下面以爪极式无刷交流发电机为例来说明其基本结构、工作原理以及优缺点。

爪极式无刷交流发电机的结构如图 3-41 所示。

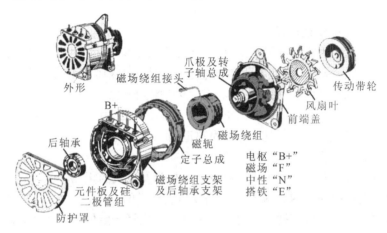

图 3-41　爪极式无刷交流发电机的构造

1．工作原理

在爪极式无刷交流发电机的爪极与轴之间有一空腔，磁轭托架由此深入爪极的腔内，磁轭托架与爪极、转子磁轭之间均留出附加间隙，以便转子转动。

2．优缺点

优点：结构简单、维护工作量少，工作可靠，工作时无火花。

缺点：制造工艺要求高、焊接困难，结构复杂。

思 考 与 练 习

一、选择题

1．交流发电机中产生磁场的装置是(　　)。

A．定子　　　　　　　　B．转子　　　　　　　　C．电枢　　　　　　D．整流器

2．发电机电压调节器是通过调整(　　)来调整发电机电压的。

A．发电机的转速　　　　B．发电机的励磁电流　　　C．发电机的输出电流

3．外搭铁式电压调节器中的大功率三极管是接在调节器的(　　)。

A．"+"与"−"之间　　　　B．"+"与"F"之间　　　　C．"F"与"−"之间

4．直流串励式起动机中的"串励"是指(　　)。

A．吸引线圈和保持线圈串联连接

B．励磁绕组和电枢绕组串联连接

C．吸引线圈和电枢绕组串联连接

5．发电机出现不发电故障，短接触电压调节器的"+"与"F"接线柱后，发电机开始发电，这说明故障出在(　　)。

A．发电机　　　　　　　　B．电流表　　　　　　　C．电压调节器

6．交流发电机所采用的励磁方法是(　　)。

A．自励　　　　　　　　　B．他励　　　　　　　　C．先他励后自励

7．交流发电机中装在元件板上的二极管(　　)。

A．是正极管　　　　　　　B．是负极管

C．既可以是正极管也可以是负极管

8．在讨论如何确认普桑轿车不充电故障时：甲说，只要充电指示灯常亮就说明其不充电；乙说，用万用表测量蓄电池电压和充电电压一比较就知道；丙说，通过对比前照灯在发动机不同转速下的亮度就能明白。甲、乙、丙的说法中，(　　)。

A．甲正确　　　　　　　　B．乙正确　　　　　　　C．丙正确

D．甲、乙都不对　　　　　E．乙和丙都正确

二、判断题

1．交流发电机中硅整流器中的正极管的负极为发电机的正极。　　　　　　　(　　)

2．交流发电机中性点 N 的输出电压为发电机电压的一半。　　　　　　　　(　　)

3．电压调节器中稳压管被击穿时，其大功率三极管一定处于导通状态。　　　(　　)

4．在三相桥式整流电路中，每个二极管导通的时间占整个周期的1/2。　　　(　　)

5．电压调节器的作用是：当发动机的转速发生变化时，通过调节发电机的充电电流使输出电压基本保持不变。　　　　　　　　　　　　　　　　　　　　　　　　　(　　)

6．汽车充电电压一般有两个标准：汽油发动机为 12 V 左右；柴油发动机为 24 V 左右。
　　　　　　　　　　　　　　　　　　　　　　　　　　　　　　　　　　　　(　　)

7．交流电的瞬时电压使二极管正极电位高于负极电位时就导通。　　　　　　(　　)

8．硅整流器中每个二极管在一个周期的连续导通的时间为 1/2 周期。　　　　(　　)

9．硅整流发电机在自励正常发电时，充电指示灯断电熄灭。　　　　　　　　(　　)

10．交流电的瞬时电压使二极管正极电位高于负极电位时就导通。　　　　　(　　)

11．交流发电机的励磁方法为：先他励，后自励。　　　　　　　　　　　　(　　)

12．通过检查发电机的励磁电路和发电机本身，查不出不充电故障的具体部位。(　　)

三、简答题

1．简述汽车的交流发电机组成与结构。

2．试述电压调节器的工作原理。

3．如何检测汽车电源系统？并简述检测过程。

4．型号为 JF152 发电机的含义是什么？

5．汽车上为什么要安装电压调节器？它的作用是什么？

6．试述电源系统常见故障的故障现象、原因及排除方法。

项目四　起动系统和起动机的结构与检修

【知识目标】

(1) 熟悉起动机的结构、电磁开关的作用、单向离合器的结构和工作原理、起动机的型号编制。

(2) 掌握起动机电动机检查方法、电磁开关检查方法、单向离合器检查方法，起动机的正确使用与维护方法及其常见故障的检修方法。

【技能目标】

(1) 能对起动机的性能进行检测。

(2) 能对起动机进行拆装检查。

(3) 能排除起动系统故障。

任务1　起动机的结构、型号及工作原理

一、起动系统的组成

起动机的作用是起动发动机，发动机起动之后，起动机便立即停止工作。发动机常用的起动方式有人力起动、辅助汽油机起动和电力起动机起动。目前大多数运输车辆都已采用电力起动机起动。电力起动机起动方式是由直流电动机通过传动机构将发动机起动的，具有操作简单、体积小、重量轻、安全可靠、起动迅速并可重复起动等优点，一般将这种电力起动机简称为起动机。起动机均安装在汽车发动机飞轮壳前端的座孔上，用螺栓紧固。

起动系统由蓄电池、起动机、起动继电器、点火开关等组成，如图4-1所示，起动控

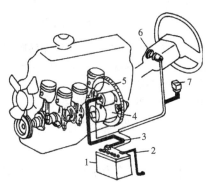

1—蓄电池；
2—搭铁电缆；
3—起动机电缆；
4—起动机；
5—飞轮；
6—点火开关；
7—起动继电器

图4-1　起动系统的组成

制电路包括起动按钮或开关、起动继电器等。

起动机在点火开关或起动机按钮控制上，将蓄电池的电能转化为机械能，通过飞轮齿环带动发动机曲轴转动。为增大转矩，便于起动，起动机与曲轴的传动比：汽油机一般为13～17，柴油机一般为8～10。

二、汽车用起动机的要求

(1) 起动时，起动机驱动齿轮与飞轮齿圈啮合应无冲击，柔和啮合。
(2) 起动过程中，起动机工作平顺，起动后驱动齿轮打滑，并能及时退出啮合。
(3) 发动机起动后，驱动齿轮不应再次进入啮合，以防损坏。
(4) 起动机体积紧凑，质量轻，工作可靠。

三、起动机的分类及组成

(一) 起动机的分类

按控制方法的不同，起动机可分为机械控制式起动机和电磁控制式起动机。

按传动机构啮入方式的不同，起动机可分为惯性啮合式起动机、强制啮合式起动机、电枢移动式起动机、同轴式起动机。

(二) 起动机的组成

起动机(俗称"马达")是起动系统的主要组成部分，由串励式直流电动机、传动机构和控制装置(电磁开关)三部分组成。起动机的结构图如图4-2所示。

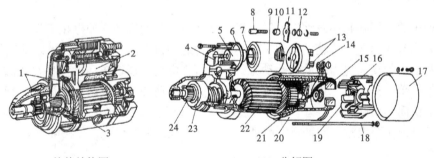

(a) 整体结构图　　　　　　　　(b) 分解图

1—传动机构；2—电磁开关；3—串励式直流电动机；4—拨叉；5—活动铁心；6—垫圈；7—弹簧；
8—顶杆；9—线圈体；10、12—绝缘垫；11—接触盘；13—接线柱；14—连接铜片；15—电刷；
16—端盖；17—防护罩；18—穿钉；19—搭铁电刷；20—外壳；21—定子绕组；22—电枢；
23—单向离合器；24—驱动齿轮

图4-2　起动机的结构图

1. 串励式直流电动机

串励式直流电动机将蓄电池输入的电能转换为机械能，产生电磁转矩，其工作原理如图4-3所示。

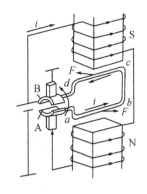
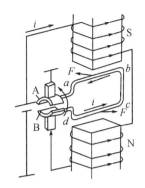

(a) 通电线圈中的电流方向为 $a \to b \to c \to d$ (b) 通电线圈中的电流方向为 $d \to c \to b \to a$

图 4-3 直流电动机的工作原理

串励式直流电动机由电枢(转子)、磁极(定子)和电刷等主要部件构成，如图 4-4 所示。

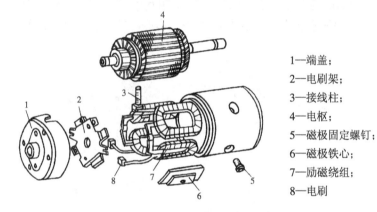

1—端盖；
2—电刷架；
3—接线柱；
4—电枢；
5—磁极固定螺钉；
6—磁极铁心；
7—励磁绕组；
8—电刷

图 4-4 直流电动机的组成

1) 电枢

直流电动机的转动部分称为电枢，又称转子。转子由外圆带槽的硅钢片叠成的铁心、电枢绕组、电枢轴和换向器等组成，如图 4-5 所示。

电枢绕组通常用波绕法，两端焊在换向器的铜片上，与每一绕组两端相连接的换向器铜片相隔 90°，这种绕法电阻较低，有利于提高转矩。

换向器向旋转的电枢绕组注入电流。换向器由许多截面呈燕尾形的铜片围合而成，如图 4-6 所示。铜片之间由云母绝缘。云母绝缘层应比换向器铜片外表面凹下 0.8 mm 左右，以免铜片磨损时，云母片很快突出。

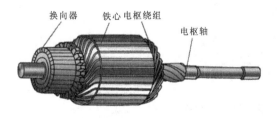

图 4-5 串励式直流电动机电枢结构   图 4-6 换向器

2) 磁极

磁极(又称定子)由固定在机壳内的定子铁心和定子绕组线圈组成，如图 4-7 所示。磁极一般是 4 个，两对磁极相对交错安装在电动机的壳体内，定子与转子铁心形成的磁路如图 4-8 所示，低碳钢板制成的机壳也是磁路的一部分。

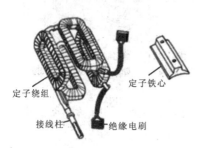

图 4-7 磁极

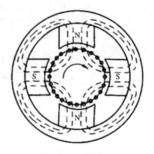

图 4-8 磁路

4 个励磁线圈的连接方式有两种：一种是相互串联后再与电枢绕组串联(称为串联式)；另一种是两两相串联后再并联，再与电枢绕组串联(称为混联式)，如图 4-9 所示。

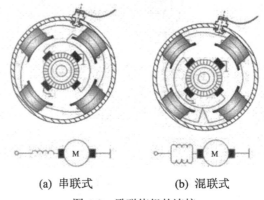

(a) 串联式　　　　(b) 混联式

图 4-9 励磁绕组的连接

3) 电刷与电刷架

如图 4-10 所示为电刷架总成，电刷与电刷架的作用是将电流引入电枢，使电枢产生连续转动。电刷一般用 80%～90% 的铜和 10%～20% 的石墨压制而成，有利于减小电阻及增加耐磨性。

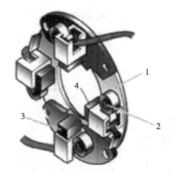

1—电刷架；2—电刷弹簧；3—电刷；4—电刷支架

图 4-10 电刷架总成图

2. 传动机构

传动机构的作用是把直流电动机产生的转矩传递给飞轮齿圈，再通过飞轮齿圈把转矩传递给发动机的曲轴，使发动机起动；起动后，飞轮齿圈与驱动齿轮自动打滑脱离。传动机构的工作示意图如图 4-11 所示。

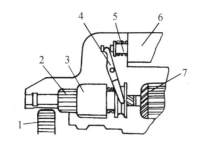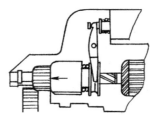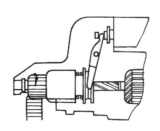

(a) 起动机静止状态　　(b) 驱动齿轮与飞轮齿圈正在啮合　　(c) 完全啮合

1—飞轮；2—驱动齿轮；3—单向离合离；4—拨叉；5—活动铁心；6—电磁开关；7—电枢

图 4-11　传动机构的工作示意图

传动机构一般由驱动齿轮、单向离合器、拨叉、啮合弹簧等组成。单向离合器有滚柱式、摩擦片式、弹簧式等几种类型。

1) 滚柱式单向离合器

滚柱式单向离合器结构如图 4-12 所示，其驱动齿轮与外壳制成一体。十字块与花键套筒相连，壳底与外壳相互扣合密封。花键套筒的外面装有啮合弹簧及垫圈，末端安装着拨环与卡簧。整个离合器总成套装在电动机轴的花键部位上，可作轴向移动和随轴转动。在外壳与十字块之间，形成 4 个宽窄不等的楔形槽，槽内分别装有一套滚柱、压帽及弹簧。滚柱的直径略大于楔形槽的窄端，略小于楔形槽的宽端。

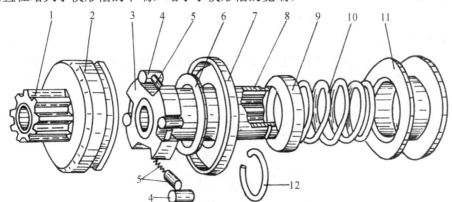

1—驱动齿轮；2—外壳；3—十字块；4—滚柱；5—压帽及弹簧；6—垫圈；7—护盖；
8—花键套筒；9—弹簧座；10—啮合弹簧；11—拨环；12—卡簧

图 4-12　滚柱式单向离合器结构

滚柱的受力及作用示意图如图 4-13 所示。当起动机电枢旋转时，转矩经套筒带动十字块旋转，滚柱滚入楔形槽窄端，将十字块与外壳卡紧，使十字块与外壳之间能传递力矩；发动机起动以后，飞轮齿圈会带动驱动齿轮旋转，当转速超过电枢转速时，滚柱滚入楔形槽宽端打滑，这样发动机的力矩就不会传递至起动机，起到保护起动机的作用。

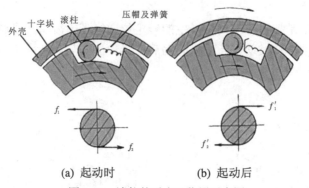

(a) 起动时   (b) 起动后

图 4-13　滚柱的受力及作用示意图

2) 摩擦片式单向离合器

摩擦片式单向离合器的原理是通过主、从动摩擦片的压紧和放松来实现分离的，其结构如图 4-14 所示。

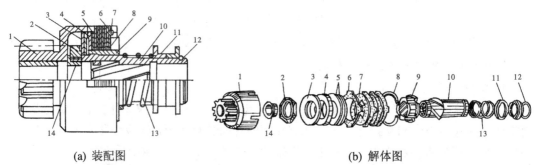

(a) 装配图   (b) 解体图

1—驱动齿轮与外接合毂；2—螺母；3—弹性圈；4—压环；5—调整垫圈；6—从动摩擦片；
7—主动摩擦片；8、12—卡环；9—内接合毂；10—传动套筒；11—移动衬套；13—缓冲弹簧；14—挡圈

图 4-14　摩擦片式单向离合器结构

3) 弹簧式单向离合器

弹簧式单向离合器的原理是通过扭力弹簧的径向收缩和放松来实现分离和接合的，其结构如图 4-15 所示。

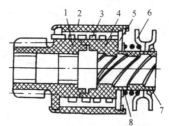

1—驱动齿轮与套筒；2—护套；3—扭力弹簧；4—传动套筒；

5—垫圈；6—移动衬套；7—卡簧；8—缓冲弹簧

图 4-15　弹簧式单向离合器结构

3. 控制装置

电磁控制装置在起动机上称为电磁开关，它的作用是控制驱动齿轮与飞轮齿圈的啮合

及分离，并控制电动机电路的接通与切断。在现代汽车上，起动机均采用电磁式控制电路，电磁式控制装置是利用电磁开关的电磁力操纵拨叉，使驱动齿轮与飞轮啮合或分离。

图 4-16 所示为控制装置结构图。电磁开关主要由吸引线圈、保持线圈、回位弹簧、活动铁心、接触片等组成。其中，端子 50 接点火开关，通过点火开关再接电源；端子 30 直接接蓄电池正极。

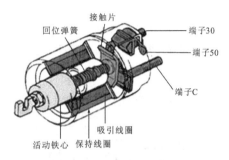

图 4-16　控制装置结构图

电磁开关的工作过程要结合电路进行分析。如图 4-16 所示，当起动电路接通后，保持线圈的电流经起动机端子 50 进入，经线圈后直接搭铁，吸引线圈的电流也经起动机端子 50 进入，但通过线圈后未直接搭铁，而是进入电动机的励磁线圈和电枢后再搭铁。两线圈通电后产生较强的电磁力，克服回位弹簧弹力使活动铁心移动，一方面通过拨叉带动驱动齿轮移向飞轮齿圈并与之啮合，另一方面推动接触片移向端子 30 和端子 C 的触点，在驱动齿轮与飞轮齿圈进入啮合后，接触片将两个主触点接通，使电动机通电运转。

在驱动齿轮进入啮合之前，由于经过吸引线圈的电流经过了电动机，所以电动机在这个电流的作用下会产生缓慢旋转，以便于驱动齿轮与飞轮齿圈进入啮合。

在两个主接线柱触点接通之后，蓄电池的电流直接通过主触点和接触片进入电动机，使电动机进入正常运转，此时通过吸引线圈的电路被短路，因此，吸引线圈中无电流通过，主触点接通的位置靠保持线圈来保持。发动机起动后，切断起动电路，保持线圈断电，在弹簧的作用下，活动铁心回位，切断了电动机的电路，同时也使驱动齿轮与飞轮齿圈脱离啮合。

三、起动机的型号

根据中华人民共和国行业标准 QC/T 73—93《汽车电气设备型号产品编制方法》规定，起动机的规格型号如下：

$$\boxed{1}-\boxed{2}-\boxed{3}-\boxed{4}-\boxed{5}$$

第一部分：起动机产品代号。起动机产品代号 QD、QDJ、QDY 分别表示常规起动机、减速起动机及永磁式起动机。

第二部分：电压等级代号。1 表示 12 V，2 表示 24 V，6 表示 6 V。

第三部分：功率等级代号，其含义见表 4-1。

第四部分：设计序号。

第五部分：变形代号。

表 4-1　起动机功率等级

功率等级代号	1	2	3	4	5	6	7	8	9
功率/kW	—	1~2	2~3	3~4	4~5	5~6	6~7	7~8	>8

四、起动机的工作原理

起动系统控制电路指除起动机本身电路以外的起动电路，大体可以分为无起动继电器的起动控制电路、有起动继电器的起动控制电路和带有保护继电器的起动控制电路。

1. 无起动继电器的起动控制电路

无起动继电器的起动控制电路如图 4-17 所示，其工作过程如下：

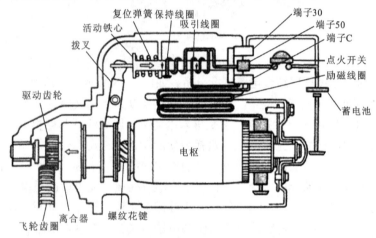

图 4-17　无起动继电器的起动控制电路

点火开关接至起动挡时，电流的流向为：蓄电池正极→点火开关起动挡→端子 50→吸引线圈→端子 C→励磁绕组→电枢绕组→搭铁→蓄电池负极；同时，保持线圈中也通过电流，其流向为：蓄电池正极→点火开关起动挡→端子 50→保持线圈→搭铁→蓄电池负极。此时，吸引线圈与保持线圈产生的磁场方向相同，在两线圈电磁吸力的作用下，活动铁心克服回位弹簧的弹力而被吸入。拨叉将起动驱动齿轮推出，使其与飞轮齿圈啮合。

齿轮啮合后，接触盘将端子 C 与端子 30 接通，蓄电池便向励磁绕组和电枢绕组供电，产生正常的转矩，带动起动机转动。与此同时，吸引线圈被短路，齿轮的啮合位置由保持线圈的吸力来保持。

起动结束后，松开点火开关，此时，由于磁滞后与机械的滞后性，活动铁心不能立即复位，端子 C 与端子 30 仍保持接通状态，电流流向为：蓄电池正极→端子 30→接触片→端子 C→吸引线圈→端子 50→保持线圈→搭铁→蓄电池负极。由于保持线圈与吸引线圈中的电流方向相反，两个线圈中磁场相互抵消，在复位弹簧的作用下，活动铁心复位，驱动齿轮在拨叉的作用下退出啮合，端子 30 与端子 C 随之断开，电动机停转。起动机完成一次起动过程。

2. 带起动继电器的起动控制电路

在电磁操纵式起动机的使用中，常通过起动继电器的触点接通或切断起动机电磁开关的电路控制起动机的工作，以保护起动开关。

起动开关未接通时，起动继电器触点张开，起动机开关断开，离合器驱动齿轮与飞轮处于分离状态。

带起动继电器的起动控制电路如图 4-18 所示，其工作过程如下：

(1) 起动继电器线圈电路接通。其电路为：蓄电池正极→点火开关接线柱→起动继电器"点火开关"接线柱→线圈→搭铁接线柱→搭铁→蓄电池负极。

(2) 电磁线圈电路接通。继电器触点闭合，同时接通吸引线圈和保持线圈电路，两线圈产生同方向的磁场，磁化铁心，吸动活动铁心前移，铁心前端带动触盘接通两个开关(起动机开关和附加电阻短路开关)，后端通过耳环带动拨叉移动使驱动齿轮与飞轮啮合。

吸引线圈电路：蓄电池正极→电动机开关接线柱→起动继电器"电池"接线柱、支架、触点、"起动机"接线柱→电磁开关接线柱→吸引线圈→电动机开关接线柱→电动机磁场绕组→电枢绕组→搭铁→蓄电池负极。

保持线圈电路：蓄电池正极→电动机开关接线柱→起动继电器"电池"接线柱、支架、触点、"起动机"接线柱→电磁开关接线柱→保持线圈→搭铁→蓄电池负极。

(3) 电动机电路接通。接触盘将电动机开关接线柱连通后，电动机电路接通。此电路电阻极小，电流可达几百安培，电动机产生较大转矩，带动飞轮转动。电动机开关接通后，吸引线圈和附加电阻被短路。其电路为：蓄电池正极→电动机开关接线柱→接触片→磁场绕组→电枢绕组→搭铁→蓄电池负极。

(4) 起动开关断开。起动继电器停止工作，触点张开。起动继电器触点张开后电动机开关断开瞬间，保持线圈电流通路为：蓄电池正极→电动机开关接线柱→触盘→接线柱→吸引线圈→保持线圈→搭铁→蓄电池负极。电磁开关内两个线圈磁场方向相反，磁场相互抵消，利用复位弹簧，电动机开关断开，驱动齿轮退出啮合，完成一次起动。

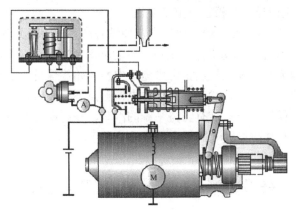

图 4-18　带起动继电器的起动控制电路

3. 带有保护继电器的起动控制电路

为防止发动机起动以后起动电路再次接通，一些起动电路中安装了带有保护功能的组合式继电器，如图 4-19 所示。

带有保护继电器的起动控制电路由起动继电器和保护继电器组合而成。起动继电器由点火开关控制，用来控制起动机电磁开关电路，保护继电器与起动继电器配合，使起动电路具有自动保护功能，并可以控制充电指示灯。

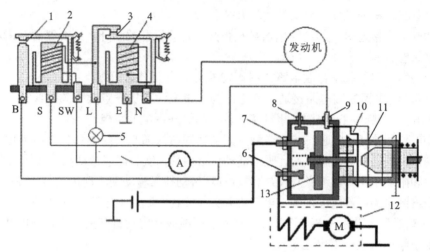

1—继电器常开触点；2—起动继电器线圈；3—保护继电器常闭触点；4—保护继电器线圈；
5—充电指示灯； 6—端子C；7—端子30；8—附加电阻短路开关接线柱；9—端子50；
10—吸引线圈；11—保持线圈；12—直流电动机；13—接触片

图 4-19 带有保护继电器的起动控制电路

带有保护继电器的起动控制电路的工作过程如下：

(1) 点火开关转至起动挡时，起动继电器电磁铁线圈电路接通。其电路为：蓄电池正极→电流表→点火开关→组合继电器接线柱"SW"→起动继电器电磁铁线圈→充电指示控制继电器触点→搭铁→蓄电池负极。起动继电器触点闭合，接通吸引线圈和保持线圈电流通路，起动机开始工作。

(2) 发动机发动后，发电机建立电压，其中性点同时有一定数值的电压对充电指示控制继电器线圈供电。其电路为：定子绕组→中性点→组合继电器接线柱"N"→线圈→接线柱"E"→搭铁→正向导通二极管→定子绕组。

当中性点电压达到 $1/2U_f$ 后，线圈通过电流使铁心产生吸力吸开触点 3，切断起动继电器线圈电路，触点 1 张开，起动机停止工作。发动机正常工作后，若误接通起动开关，起动机也不会工作。因为此时发电机已正常供电，中性点始终保持一定的电压值，使充电指示控制继电器触点总是处于张开状态，起动继电器触点不再闭合，起动机更不会工作，从而实现了对起动机的保护。一些装有防盗系统的汽车，在起动机的控制电路中还串联有防盗继电器的触点，只有在防盗继电器触点闭合的前提下，起动机才可以通电运转。

任务2 起动机的使用与检测

作为汽车上较为重要的一项常用电气部件，起动机在日常使用中，需要正确合理的使用，在出现工作不良时，也需要对其维护和检修。

一、起动机的正确使用

(1) 起动机每次起动时间不超过 5 s，再次起动时应间歇 15 s，使蓄电池得以恢复。如果连续第三次起动，应在检查与排除故障的基础上停歇 2 min 以后进行。

(2) 起动机在冬季或低温情况下起动时，应对蓄电池采取保温措施。

(3) 发动机起动后，必须立即切断起动机控制电路，使起动机停止工作。

(4) 任何情况下，发动机起动后，都严禁再次起动发动机，否则起动机有可能被损坏。

(5) 起动机外部应保持清洁，各连接导线，特别是与蓄电池连接的导线，应保证连接可靠、牢固。在清洁发动机舱时，严禁用水直接冲洗，否则起动机有短路损坏的可能。

二、起动机的拆卸

(一) 注意事项

(1) 从车上拆卸起动机前，应先关闭点火开关后，将蓄电池的搭铁线拆除，再拆除电磁开关上的蓄电池正极线。尤其是电脑控制发动机的车辆更要注意这一点(因为带电操作会使电脑中电子元件损坏)。

(2) 在安装起动机时，应先连接电磁开关上的蓄电池正极线，再接上蓄电池的正极线、负极线。接蓄电池正、负极线之前要确保点火开关关闭，这是保护车上电子装置的必要措施。

(3) 起动机解体和组装时，对于配合较紧的部件，严禁生砸硬敲，应使用拉、压工具进行分离与装入，以防止部件的损坏。

(4) 清洗起动机部件时，起动机电枢、励磁绕组和电磁开关总成只能用拧干汽油的棉纱擦拭，或用压缩空气吹净，以防止由于液体不干而造成短路或失火。其他部件均可用液体清洗剂。

(5) 不同型号的起动机解体与组装顺序有所不同，应按厂家规定的操作顺序进行。

(6) 部分组合件无故障时不必彻底解体，如电磁开关、定子铁心及绕组等。若电磁开关经检测后，需要分解修理，可用 50 W/220 V 的电烙铁先将开关端盖上的线圈引线焊开后再进行分解。

(7) 分解时，注意换向器前端的绝缘垫圈、中间支承板后面的绝缘垫圈以及止推垫圈是否完好。

(8) 组装时各螺栓应按规定转矩旋紧，并检查调整各部分间隙。

(9) 部分起动机组装时接合面应涂密封剂。如奥迪 100 轿车用起动机在各接合面规定使用 D₃ 密封剂。

(10) 各润滑部位应使用厂家规定的润滑剂润滑。例如：奥迪 100 轿车用起动机的减速器与单向离合器均用 MoS_2 润滑脂润滑；挡圈与锁环应使用 MoS_2 润滑脂轻微润滑；更换新衬套时，应在压入之前将衬套在热润滑油中浸泡 5 min。

(11) 若起动机与发动机之间装有薄金属垫片，在装配时应按原样装回。

(二) 拆卸步骤

以东风雪铁龙爱丽舍科技版为例，介绍起动机拆卸的步骤。

(1) 打开发动机舱盖，拆卸蓄电池连接电缆。先断开蓄电池负极，再断开蓄电池正极。

(2) 举升车辆，拆下发动机舱下护板。

(3) 从发动机后部拆下起动机固定螺栓，取下起动机。

三、起动机的检测

起动机的检测分为解体检测和不解体检测两种。解体检测随解体过程一同进行；不解体检测可以在拆解之前或装复后进行。

(一) 起动机的不解体检测

在进行起动机的解体之前，通过不解体性能检测可以大致找出故障；起动机组装完毕后也应进行性能检测，以保证起动机正常运行。

1. 吸引线圈性能测试

将起动机励磁线圈的引线断开，按图 4-20 所示连接蓄电池与电磁开关。驱动齿轮应能伸出，否则表明其功能损坏。

2. 保持线圈性能测试

按图 4-21 所示连接导线，在驱动齿轮移出之后从端子 C 上拆下导线。驱动齿轮应保持在伸出位置，否则表明其功能不正常。

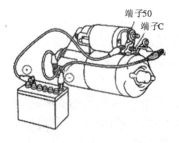
图 4-20 吸引线圈功能测试

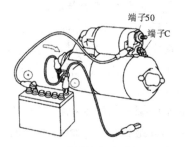
图 4-21 保持线圈功能测试

3. 驱动齿轮间隙的检查

按图 4-22 所示连接蓄电池和电磁开关，并按图 4-23 所示进行驱动齿轮间隙的测量。

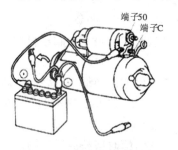
图 4-22 驱动齿轮复位试验

图 4-23 驱动齿轮间隙检查

(二) 起动机的解体检测

为了预防和及时发现起动系统的故障，在使用过程中，起动机发生故障导致起动系统不能正常工作时，应及时对起动机进行拆检，检查零部件的技术状况。主要检修内容包括电刷和轴承的磨损情况，换向器表面质量，电枢绕组和磁场绕组有无短路、断路和搭铁故障等。

以图 4-24 所示桑塔纳轿车用起动机为例，其拆卸步骤如下：

(1) 将起动机外部擦拭干净。

(2) 拆下电磁开关 1 与电动机的连线。

(3) 从后端盖 10 上拆下电磁开关固定螺栓，取下电磁开关。

(4) 拆下前盖 5 外侧轴承盖，取下锁止垫圈 3、调整垫片和密封圈 2。

(5) 拆下两根穿心螺栓 4，取下起动机前盖 5。

(6) 从电刷托板上取下电刷架 6、电刷。

(7) 使电动机壳体 7(含磁极)、电刷托板与电枢 15 及后端盖 10 分离。

(8) 从后端盖 10 上取出拨叉 11、电枢 15 和单向离合器 13。

(9) 拆下电枢轴前端锁环和止推垫圈 12 后，取下单向离合器。

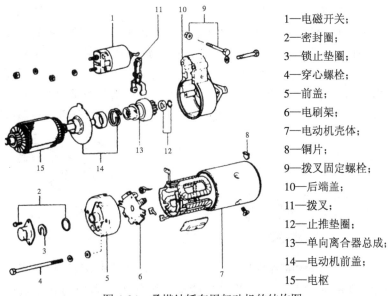

1—电磁开关；
2—密封圈；
3—锁止垫圈；
4—穿心螺栓；
5—前盖；
6—电刷架；
7—电动机壳体；
8—铜片；
9—拨叉固定螺栓；
10—后端盖；
11—拨叉；
12—止推垫圈；
13—单向离合器总成；
14—电动机前盖；
15—电枢

图 4-24　桑塔纳轿车用起动机的结构图

各总成是否需要进一步分解，应视具体情况而定。对所有的绝缘零部件，只能用干净布沾少量汽油擦拭；其余机械零件应用汽油或柴油洗刷干净。

1. 直流电动机的检测

1) 磁场绕组的检测

磁场绕组的常见故障有接头脱焊、绕组短路、断路或搭铁等。

(1) 短路与断路故障的检查。首先观察绕组导线表面是否有烧煳的现象或气味，若有，则证明有短路的可能。连接万用表红、黑表笔至外接线柱与绝缘电刷之间，选择低电阻挡进行测量，所测结果应为导通，且有较小的电阻值，如果电阻值为零，则说明有短路，若电阻值为无穷大，则说明绕组中有断路，如图 4-25 所示。

(2) 磁场绕组绝缘性能的检查。用万用表的高电阻挡进行测量磁场绕组的绝缘性，如图 4-26 所示。两个表笔分别接触机壳接线柱与一个定子电刷(另一个电刷不要碰机壳)，若万用表显示导通，就说明该励磁绕组有搭铁故障，其绝缘性能不良；若万用表显示电阻无穷大，则说明该励磁绕组无搭铁故障，其绝缘性能良好。

导通

图 4-25　励磁绕组断路检查

不导通

图 4-26　励磁绕组绝缘性能检查

2) 电枢总成的检测

电枢绕组常见的故障是断路、匝间短路或搭铁、绕组接头与换向器铜片脱焊等。

(1) 电枢绕组断路的检查。首先察看线圈端头与换向器铜片的焊接状况，若有脱焊的痕迹，即可断定此处断路。使用万用表电阻挡测量，如图 4-27 所示。检查电枢绕组电阻值，若为无穷大，则说明有断路故障。断路检查还可在万能试验台上的电枢感应仪上进行。

(2) 电枢绕组匝间短路的检查。电枢绕组匝间短路检查可在电枢感应仪上进行，如图 4-28 所示。将测试电枢放在电枢感应仪上，接通开关，指示灯发亮。将钢片放于转子绕组顶部的槽上。慢慢转动转子，使钢片越过所有槽顶。若某槽顶的钢片发生电磁振动，则说明该处绕组有匝间短路故障；若无以上现象，则说明该电枢绕组无匝间短路故障。

图 4-27　电枢绕组断路检查

图 4-28　电枢绕组匝间短路检查

(3) 电枢绝缘性能的检查。电枢绝缘性能检查可使用万用表的高电阻挡进行，如图 4-29 所示。两测试表笔分别接触换向器铜片和电枢轴，若万用表显示导通，则说明该电枢绕组有搭铁故障，其绝缘性能不良；若万用表显示电阻无穷大，则说明该电枢绕组绝缘性能良好。

(4) 电枢轴弯曲度的检查。如图 4-30 所示，使用百分表检查电枢轴的弯曲度，铁心处摆差不大于 0.15 mm，中间轴颈处摆差不大于 0.05 mm。

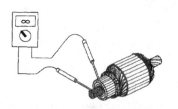

图 4-29　电枢绝缘性能检查

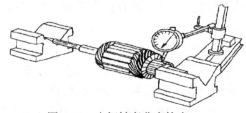

图 4-30　电枢轴弯曲度检查

(5) 换向器的检查。换向器故障多为表面烧蚀、云母片突出等。轻微烧蚀的换向器用"00"号砂纸打磨即可。严重烧蚀的换向器应进行加工，但加工后换向器铜片厚度不得小于 2 mm。若测得的直径小于最小值，应更换电枢；换向器铜片应洁净无异物，绝缘片的深度为 0.5～0.8 mm，最大深度为 0.2 mm，太高应使用锉刀进行修整。

3) 电刷、电刷架及电刷弹簧的检查

(1) 电刷的检测。如图 4-31 所示，电刷高度应不低于标准高度的 2/3，接触面积应不少于 75%，电刷在电刷架内无卡滞现象，否则需进行修磨或更换。

(2) 电刷架的检测。如图 4-32 所示，用万用表或试灯可检查绝缘电刷架的绝缘性，正电刷"A"和负电刷"B"之间不应导通，若导通，应进行电刷架总成的更换。

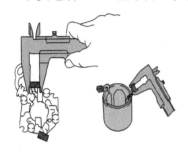

图 4-31　电刷长度检查

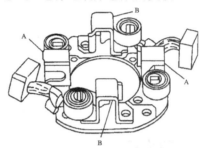

图 4-32　电刷架绝缘性能检查

(3) 电刷弹簧的检测。电刷弹簧的弹力可用弹簧秤检测。不同型号起动机的弹簧张力是不同的，若测得的张力不在规定范围之内，应更换电刷弹簧。

2. 传动机构的检测

单向离合器总成常见故障为驱动齿轮磨损和离合器打滑。驱动齿轮齿长磨损不得超过其原尺寸的 1/4，否则，应更换；单向离合器打滑的检查方法如图 4-33 所示，在驱动齿轮上安装专用套筒，用台钳夹住离合器齿轮，用扭力扳手检查其正向扭矩，正向扭矩大于 30 N·m 时不打滑，否则应更换。

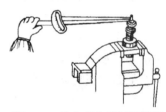

图 4-33　单向离合器打滑检查

3. 电磁开关的检测

(1) 接触片的检测。检测电磁开关接触片的接触状况如图 4-34 所示，用手推动活动铁心，使接触盘与两接线柱接触，然后将表笔两端置于端子 30 与端子 C，应导通，且正常情况下电阻值应为 0。若接触片不导通，则应解体，并直观检测电磁开关的触点和接触盘是否良好，烧蚀较轻的可用砂布打磨后使用，烧蚀较重的应进行翻面或更换。

(2) 吸引线圈断路的检测。解体检测吸引线圈断路如图 4-35 所示，用欧姆表连接端子 50 和端子 C，应导通，并且电阻值在标准范围内，否则说明吸引线圈可能出现断路故障。也可以进行不解体检测。

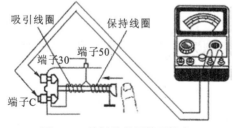

图 4-34　接触片导通情况检查

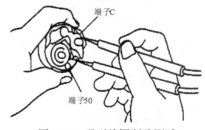

图 4-35　吸引线圈断路测试

（3）保持线圈断路的检测。解体检测保持线圈断路如图 4-36 所示，用欧姆表连接端子 50 和搭铁，应导通，并且电阻值在标准范围内，否则说明保持线圈出现断路故障或线圈搭铁不良。也可以进行不解体检测。

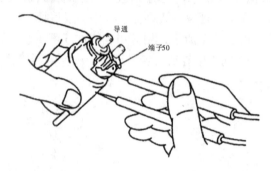

导通

端子50

图 4-36　保持线圈断路测试

四、起动机的装复

按分解的相反顺序装复起动机，具体如下：
（1）将离合器和移动叉装入后端盖内。
（2）装入中间轴承支撑板。
（3）将电枢轴插入后端盖内。
（4）装上电动机外壳和前端盖，并用长螺栓结合紧。
（5）装电刷和防尘罩。
（6）装起动机电磁开关。

任务 3　起动机常见故障诊断

对于客户报修的车辆，仪表板上无发动机故障灯点亮，车辆起动异常，首先要排除是否是客户的使用不当引起的，如自动挡车辆挡位杆是否挂在 P/N 挡，某些手动挡车辆起动时是否踩下离合器踏板、汽车防盗状态是否解除等情况，这些情况都与起动机的使用有密切关系。在排除这些非故障因素外，起动系统故障一般有以下几种：
（1）起动机电动机故障。
（2）起动机电磁开关故障。
（3）起动控制故障。
（4）起动开关及继电器故障。
（5）其他故障。
下面以有起动继电器的起动系统为例，详细分析起动系统三种典型的起动故障。

一、起动机不转

1. 故障现象及原因

故障现象：起动时，起动机不转动，且无动作迹象。

故障原因如下：

(1) 电源故障。蓄电池严重亏电或极板硫化、短路等，蓄电池极桩与线夹接触不良，起动电路导线连接处松动而接触不良等。

(2) 起动机故障。换向器与电刷接触不良，励磁绕组或电枢绕组有断路或短路，绝缘电刷搭铁，电磁开关线圈断路、短路、搭铁或其触点烧蚀而接触不良等。

(3) 起动继电器故障。起动继电器线圈断路、短路、搭铁或其触点接触不良等。

(4) 点火开关故障。点火开关接线松动或内部接触不良。

(5) 起动系统线路故障。起动线路中有断路、导线接触不良或松脱等。

2. 故障诊断方法

(1) 检查电源。按喇叭或开大灯，如果喇叭声音小或嘶哑，灯光比平时暗淡，则说明电源有问题。使用万用表检查蓄电池电压，电压不应低于 12.4 V。若正常，检查起动机控制保险丝是否导通，若熔断，检查是否有短路故障后更换同样规格的新保险。若正常，检查蓄电池极桩与线夹及起动电路导线连接处是否有松动，若某连接处松动，则说明该处接触不良。

(2) 检查起动机。判断电源无问题后，用螺丝刀短接端子 30 与端子 C，如果起动机不转，则说明是电动机内部有故障，应拆检起动机；如果起动机运转正常，则进行后面的步骤检查。

(3) 检查电磁开关。用螺丝刀将电磁开关上连接起动继电器的接线柱与连接蓄电池的接线柱短接，若起动机不转，则说明起动机电磁开关有故障，应检查电磁开关的吸引线圈，其电阻值应符合规定值；如果起动机运转正常，则说明故障在起动继电器或有关线路上。

(4) 检查起动继电器。短接起动继电器上的"电池"和"起动机"接线柱，若起动机转动，则说明起动继电器内部有故障，否则应再进一步检查。

(5) 检查点火开关及线路。将起动继电器的"电池"与点火开关用导线直接相连，若起动机正常运转，则说明故障在起动继电器至点火开关的线路中，可对其进行检修。

二、起动机起动无力

1. 故障现象及原因

故障现象：起动时，起动机转速明显偏低甚至于停转，起动机有类似打机枪的"咔哒"声。

故障原因如下：

(1) 电源故障。蓄电池亏电或极板硫化、短路等导致蓄电池电压过低。

(2) 起动机故障。换向器与电刷接触不良，电磁开关接触点和触点接触不良，电动机励磁绕组或电枢绕组有局部短路等。

(3) 起动继电器故障。起动继电器触点接触不良等。

(4) 点火开关故障。点火开关接线松动或内部接触不良。

(5) 起动系统线路故障。起动线路中有导线接触不良或锈蚀等。

2. 故障诊断方法

(1) 检查电源。使用万用表或蓄电池检测仪检查蓄电池存电状况，蓄电池电压不应低于 12.4 V。检查蓄电池极桩与线夹及起动电路导线连接处是否有松动，若某连接处松动或发热，则说明该处接触不良。

(2) 检查起动机。判断电源无问题后，用螺丝刀将起动机电磁开关上端子30和端子C接线柱短接，如果起动机运转不良，则说明是电动机内部有故障，应拆检起动机；如果起动机空转正常，则进行后面的步骤检查。

(3) 检查电磁开关。应检查电磁开关保持线圈；如果保持线圈的电阻值正常，则说明故障在起动继电器或有关线路上。

(4) 检查起动继电器。将起动继电器上的"电池"和"起动机"两接线柱短接，若起动机转动，则说明起动继电器内部有故障，否则应再进一步检查。

(5) 检查点火开关及线路。将起动继电器的"电池"与点火开关用导线直接相连，若起动机正常运转，则说明故障在起动继电器至点火开关的线路中，可对其进行检修。

三、起动机空转

1. 故障现象及原因

故障现象：接通起动开关，起动机运转正常，发动机不转，发动机舱中有"嗡嗡"声。

故障原因如下：

(1) 起动机单向离合器打滑。

(2) 飞轮齿圈轮齿严重磨损或损坏。

(3) 电磁开关控制的起动机，其电磁开关铁心行程太短。

(4) 拨叉与铁心连接处脱开，或拨叉安装在单向离合器拨叉套外面。

2. 故障诊断方法

(1) 检查电源。使用万用表检测蓄电池是否接好。

(2) 检查起动机单向离合器是否打滑。可以用手反向拨动，如转动，则说明其损坏打滑。

(3) 观察飞轮齿圈轮齿磨损或损坏情况。如磨损或损坏，可以更换。

(4) 检查电磁开关是否损坏。

(5) 检查拨叉与铁心连接处是否脱开或拨叉是否安装合适。

【拓展知识】

齿轮减速式起动机

为了减小起动机的体积和质量，方便起动机安装，通常使用永磁铁代替绕线式的磁极线圈，但这样会使电动机的扭矩不变，为了获得同样的技术性能，起动机上增加了一套减速增扭装置，因此也得名减速起动机。

减速起动机与常规起动机的主要区别是在传动机构和电枢轴之间安装了一套齿轮减速装置，通过减速装置把力矩传递给单向离合器，以降低电动机的速度，增大输出力矩，减小起动机的体积和重量。齿轮减速装置主要有平行轴外啮合减速齿轮装置和行星齿轮减速装置两种形式。

目前，采用减速起动机的汽车越来越多，如北京现代索纳塔、北京切诺基吉普车、奥迪、本田和丰田轿车东风标致与东风雪铁龙等都采用了减速起动机。

下面分别结合实例讲解减速起动机的结构组成和工作原理。

(一) 平行轴式减速起动机

平行轴式减速起动机的结构如图 4-37 所示，该起动机主要包括电动机、平行轴减速装置、传动机构和控制装置。

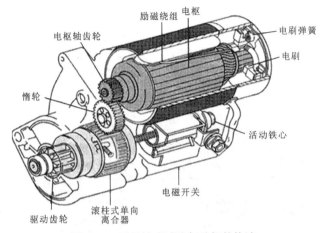

图 4-37 平行轴式减速起动机的构造

1. 电动机

该电动机四个励磁绕组相互并联后再与电枢绕组串联，仍为串励式电动机，如图 4-38 所示。其基本部件与常规起动机的相似，此处不再重复其工作原理。

2. 传动机构及减速装置

图 4-39 所示为减速装置中齿轮的啮合关系和传动机构中单向离合器示意图。

滚柱式单向离合器设置在减速齿轮内毂，其内毂制成楔形空腔，传动导管装入时，将空腔分割成 5 个楔形腔室，腔室内放置滚柱和弹簧。平时在弹簧张力作用下，滚柱滚向楔形腔室窄端，传递动力时，由滚柱将传动导管和减速齿轮卡紧成一体。离合器的工作原理和常规起动机中的滚柱式单向离合器工作原理相同，此处不再进行分析。

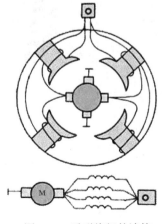

图 4-38 励磁绕组的连接

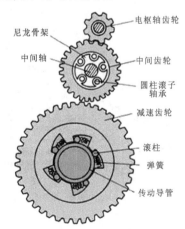

图 4-39 减速齿轮啮合关系和单向离合器

3. 控制装置及工作过程

下面以丰田花冠轿车中平行轴式减速起动机为例，结合电路图分析控制装置的工作原理。如图 4-40 所示，控制装置的结构同传统式电磁控制装置的大致相同，不同之处在于活动铁心的左端固装的挺杆，经钢球推动驱动齿轮轴，活动铁心右端绝缘地固装着接触片。起动机不工作时，触盘与触点分开，驱动齿轮与飞轮分离。

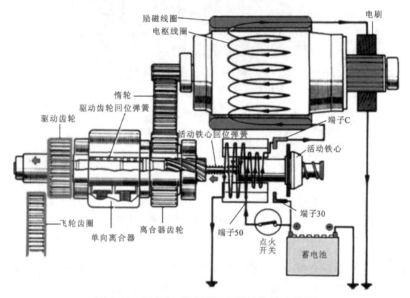

图 4-40　平行轴式减速起动机结构及电路图

其工作过程如下：

接通起动开关，吸引线圈和保持线圈通电，此时的电流流向为：蓄电池→点火开关→端子 50→保持线圈→搭铁，蓄电池→点火开关→端子 50→吸引线圈→端子 C→励磁线圈→电枢绕组→搭铁。此时电动机低速运转，如图 4-41 所示。

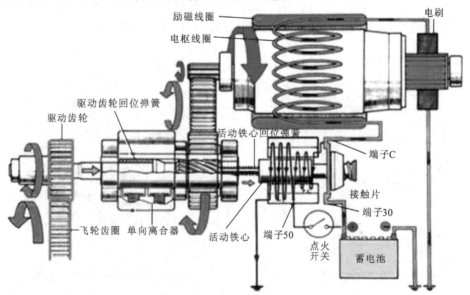

图 4-41　驱动齿轮和齿圈啮合过程

此时，吸引线圈和保持线圈的电磁力吸引活动铁心左移，推动驱动齿轮轴，迫使驱动齿轮与飞轮啮合，这种动作过程称为直动齿轮式。驱动齿轮与飞轮齿圈进入啮合后，接触片和触点接触，此时电流的方向为：蓄电池→点火开关→端子50→保持线圈→搭铁。这样保持线圈产生的磁场使活动铁心保持在原位。同时，电流还流经励磁线圈，电流的方向为：蓄电池"+"→端子30→接触片→端子C→励磁线圈→电枢线圈→搭铁。这样电枢电路接通并开始旋转。电枢轴产生的力矩经电枢轴齿轮→惰轮→减速齿轮→滚柱式单向离合器→驱动齿轮轴→驱动齿轮→飞轮齿圈，带动曲轴旋转，使发动机起动。

发动机起动后，放松起动开关，点火开关回到"点火"挡。此时由于活动铁心不能及时复位，接触片仍然接通端子30与端子C，吸引线圈和保持线圈仍有电流流过，电流的方向为：蓄电池"+"→端子30→接触片→端子C→吸引线圈→端子50→保持线圈→搭铁，两个线圈中产生的磁场方向相反，磁力相互抵消，活动铁心在回位弹簧张力作用下回位，接触片与触点分离，电枢停止转动。同时，驱动齿轮轴在回位弹簧作用下回位，拖动驱动齿轮与飞轮分离，恢复到初始状态。

(二) 行星齿轮式减速起动机

行星齿轮式减速起动机的结构如图4-42所示。

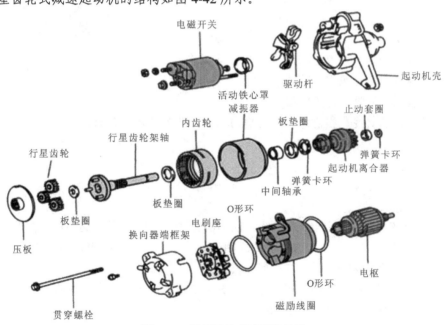

图4-42　行星齿轮式减速起动机

1. 电动机

该电动机的结构有两类：一类与常规起动机类似采用励磁线圈产生磁场(此处不再重复)；另一类采用永久磁铁磁场代替励磁绕组，减小了起动机的体积，提高了起动性能。

2. 传动机构及减速齿轮装置

该起动机的传动机构采用滚柱式单向离合器，用拨叉拨动驱动齿轮使之移动。其结构与工作过程和传统式起动机的类似。如图4-43所示为拨叉的位置。

行星齿轮式减速装置中设有三个行星齿轮、一个太阳轮(电枢轴齿轮)及一个固定的内齿圈，其结构如图4-44所示。

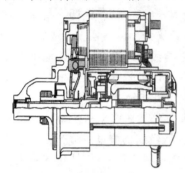

图4-43　行星齿轮式减速起动机的拨叉位置

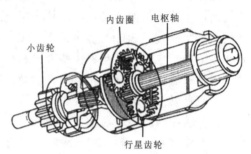

图4-44　行星齿轮式减速装置结构位置

内齿圈固定不动，行星齿轮支架是一个具有一定厚度的圆盘，圆盘和驱动齿轮轴制成一体。三个行星齿轮连同齿轮轴一起压装在圆盘上，行星齿轮在轴上可以边自转边公转。驱动齿轮轴一端制有螺旋键齿，与离合器传动导管内的螺旋键槽配合。

如图4-45所示，为了防止起动机中过大的扭力对齿轮造成损坏，弹簧垫圈把离合器片压紧在内齿轮上，这样当内齿圈受到的扭力过大时离合器片和弹簧垫圈可以吸收过大的扭力。

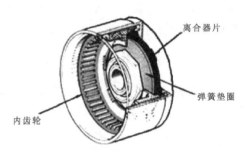

图4-45　减速装置中内齿圈的结构

该起动机的控制装置和前两种起动机的相似，此处不再作分析。

思 考 与 练 习

一、选择题

1. 电磁开关将起动机主电路接通后，活动铁心靠(　　)产生的电磁力保持在吸合位置上。

A. 吸引线圈　　　　　　　B. 保持线圈　　　　　　　C. A 和 B 共同作用

2. 串励式直流起动机中的"串励"是指(　　)。

A. 吸引线圈和保持线圈串联连接　　　B. 励磁绕组和电枢绕组串联连接

C. 吸引线圈和电枢绕组串联连接

3. 下列不属于起动机控制装置作用的是(　　)。

A. 使活动铁心移动，带动拨叉，使驱动齿轮和飞轮啮合或脱离

B. 使活动铁心移动，带动接触盘，使起动机的两个主接线柱接触或分开

C. 产生电磁力，使起动机旋转

4. 永磁式起动机中，用永久磁铁代替常规起动机的(　　)。

A. 电枢绕组　　　　　　　B. 励磁绕组　　　　　　　C. 电磁开关中的两个线圈

5. 起动机空转的原因之一是(　　)。

A. 蓄电池亏电　　　　　　B. 单向离合器打滑　　　　C. 电刷过短

6．不会引起起动机运转无力的原因是(　　)。

A．驱动齿轮磨损　　　　　　B．蓄电池亏电

C．换向器脏污　　　　　　　D．电磁开关中接触片烧蚀、变形

7．在起动机的解体检测过程中，(　　)是电枢的不正常现象。

A．换向器铜片和电枢轴之间绝缘　　　　B．换向器铜片和电枢铁心之间绝缘

C．各换向器铜片之间绝缘

8．起动机中，甲说电枢电流越大，转速越高；乙说电枢电流越大，转速越低。你认为(　　)。

A．甲对　　　　　　B．乙对　　　　　　C．甲、乙都对　　　　　　D．甲、乙都不对

二、判断题

1．起动系统主要包括起动机和控制电路两个部分。　　　　　　　　　　　(　　)

2．常规起动机中，吸引线圈、励磁绕组及电枢绕组是串联连接的。　　　　(　　)

3．在起动机起动的过程中，吸引线圈和保持线圈中一直有电流通过。　　　(　　)

4．在永磁式起动机中，电枢是用永久磁铁制成的。　　　　　　　　　　　(　　)

5．平行轴式起动机的驱动齿轮需要用拨叉使之伸出和退回。　　　　　　　(　　)

6．起动机励磁线圈和起动机外壳之间是导通的。　　　　　　　　　　　　(　　)

7．用万用表检查电刷架时，两个正电刷架和外壳之间应该绝缘。　　　　　(　　)

8．起动机电枢装配过紧可能会造成起动机运转无力。　　　　　　　　　　(　　)

9．减速起动机中的减速装置可以起到降速增扭的作用。　　　　　　　　　(　　)

10．减速起动机中直流电动机的检查方法和常规起动机完全不同。　　　　(　　)

11．起动机换向器的作用是将交流电变成直流电。　　　　　　　　　　　(　　)

12．起动机电磁开关中只有一个电磁线圈。　　　　　　　　　　　　　　(　　)

13．起动机主要由串励式直流电动机、传动机构和控制装置组成。　　　　(　　)

14．汽车刚起动时，硅整流发电机是他励，随后一直是自励的。　　　　　(　　)

15．起动机换向器的作用是将交流电变成直流电。　　　　　　　　　　　(　　)

16．起动机电磁开关中只有一个电磁线圈。　　　　　　　　　　　　　　(　　)

17．东风 EQ1092 型汽车起动控制电路是利用组合继电器控制的，包括有起动继电器和保护继电器；保护继电器由发电机中性点电压控制。　　　　　　　　　　(　　)

18．起动机投入工作时，应先接通主电路，然后再使齿轮啮合。　　　　　(　　)

19．起动机的试验台试验项目包括空载特性试验和全制动特性试验。　　　(　　)

三、简答题

1．起动机主要由哪些部分组成？其各部件的功用如何？

2．串励式直流电动机中，磁极、电枢、电刷及换向器的作用分别是什么？

3．直流电动机由几部分组成？各起什么作用？

4．起动机的传动装置由哪些部件组成？其中滚柱式单向离合器是如何工作的？

5．起动机的控制装置有哪些作用？简要说明其工作过程。

6．一辆使用常规起动机的汽车出现不能起动的故障，故障现象是将点火开关悬至起动挡后，起动机发出"咔哒"的声音就不动了，请结合所学的起动系统相关知识判断原因。

项目五　点火系统的故障诊断与检修

【知识目标】

(1) 掌握点火系统的组成与工作原理。

(2) 掌握点火系统各主要元件的作用、结构组成与工作原理。

(3) 掌握电磁感应式点火系统和霍尔效应式点火系统的工作原理。

(4) 了解无分电器电控点火系统的工作原理。

【技能目标】

(1) 会拆检分电器，会测量点火线圈，能进行点火正时安装。

(2) 能通过目视或检测仪器对点火系统常见故障进行正确的诊断与排除。

任务1　点火系统的组成与工作原理

在汽油发动机中，气缸中的混合气是由点火系统产生的高压电火花点燃的。点火系统的作用是将蓄电池或发电机提供的低压电转变为高压电，按照发动机的工作顺序和点火时刻的要求，适时、准确地击穿各缸火花塞间隙，产生电火花，点燃混合气。

一、点火系统概述

(一) 点火系统的类型

目前汽车上使用的点火系统按其组成和产生高压电方式的不同可分为传统蓄电池点火系统、电子点火系统和微机控制点火系统。

(二) 对点火系统的基本要求

(1) 能产生足以击穿火花塞间隙的电压。火花塞电极击穿而产生火花时所需要的电压称为击穿电压。点火系统产生的次级电压必须高于击穿电压，才能使火花塞跳火。

(2) 火花应具有足够的能量。为了保证可靠点火，电子点火系统一般应保证 $50 \sim 80 \ \mathrm{mJ}$ 的火花能量，起动时应产生高于 $100 \ \mathrm{mJ}$ 的火花能量。而且电火花还应有一定的火花持续时间，通常不少于 $500 \ \mu\mathrm{s}$。

(3) 点火时刻应与发动机的工作状况相适应。发动机在不同的转速和负荷下工作时，所需点火提前角的大小是不同的，点火系统必须能自动调节点火提前角到最佳值。同时，点火系统应按发动机的工作顺序正确点火。一般直列六缸发动机的点火顺序为 1→5→3→6→2→4，四缸发动机的点火顺序为 1→3→4→2 或 1→2→4→3。

二、传统点火系统

(一) 传统点火系统的组成与工作原理

1. 传统点火系统的组成

传统点火系统主要由电源(蓄电池和发电机)、点火开关、点火线圈、分电器、火花塞、附加电阻和高低压导线等组成，如图 5-1 所示。

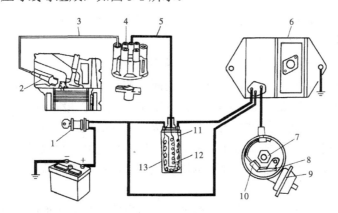

1—点火开关；2—火花塞；3—分高压线；4—分电器盖及分火头；5—中央高压线；6—点火控制器；
7—信号转子；8—永久磁铁；9—真空调节器；10—信号线圈；11—初级绕组；12—次级绕组；13—点火线圈

图 5-1　点火系统的基本组成

2. 传统点火系统的工作原理

传统点火系统是利用电磁感应原理,把来自蓄电池或发电机的 12 V 低压电转变为 15～20 kV 的高压电,并按点火顺序送入各缸火花塞,击穿其电极间隙点燃混合气的。其工作原理如图 5-2 所示。

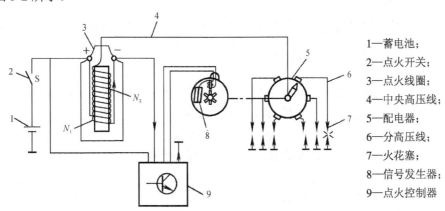

1—蓄电池；
2—点火开关；
3—点火线圈；
4—中央高压线；
5—配电器；
6—分高压线；
7—火花塞；
8—信号发生器；
9—点火控制器

图 5-2　传统点火系统的工作原理

发动机工作时，断电器凸轮在配气凸轮轴的驱动下而旋转交替将触点闭合或打开。接通点火开关后，在触点闭合时初级线圈内有电流流过，并在线圈铁心中形成磁场。触点打开时，初级电流被切断，使磁场迅速消失。此时，在初级线圈和次级线圈中均产生感应电动势。由于次级线圈匝数多，因而可感应出高达 15～20 kV 的高电压。该高电压击穿火花塞间隙，形成火花放电。

1) 断电器触点闭合、初级电流增长的过程

点火系统的初级电路包括蓄电池、点火开关、点火线圈初级绕组、附加电阻、分电器的断电触点及电容器。当触点闭合时，点火线圈初级绕组中有电流通过，流过初级绕组的电流称为初级电流。如果触点不分开，经过一段时间(约 20 ms)，初级电流将达到最大稳定值。其电路是低压电路，电流方向为：蓄电池正极→电流表→点火开关→附加电阻→点火线圈初级绕组 N_1→断电器触点 S→搭铁→蓄电池负极。

初级电流增长时，不仅在初级绕组中产生自感电动势，而且同时在次级绕组中也会产生互感电动势，为 1.5～2 kV，不能击穿火花塞间隙。

2) 断电器触点断开、次级绕组产生高压电的过程

当断电器凸轮顶开触点时，初级电路被切断，初级电流迅速下降到零，铁心中磁通随之迅速衰减以至消失，因而在匝数多(15 000～23 000 匝)、导线细的次级绕组中感应很高的电压，使火花塞电极之间的间隙被击穿，产生火花。初级绕组中电流下降的速率愈大，铁心中磁通的变化率愈大，从而次级绕组中的感应电压也愈高。点火线圈次级绕组中的感应电压称为次级电压，其中通过的电流称为次级电流。次级电流所流过的电路称为次级电路或高压电路。

发动机工作时，在断电器触点分开瞬间，次级电路中分火头恰好与侧电极对准。高压电路在触点打开瞬间以点火线圈次级绕组为高压电源，以火花塞电极间隙为负载，其电流回路为：点火线圈次级绕组"+"接线柱→附加电阻→点火开关→电流表→蓄电池→搭线→火花塞旁电极、中心电极→配电器旁电极→分火头→点火线圈次级绕组"−"接线柱。

发动机工作期间，断电器凸轮每转一周(曲轴转两周)，各缸按点火顺序轮流点火一次。

(二) 传统点火系统主要元件的结构

1. 点火线圈

点火线圈的作用是将电源提供的低压电转换成点火所需的高压电，使火花塞电极能击穿跳火。按磁路结构形式的不同，点火线圈分为开磁路点火线圈和闭磁路点火线圈。

1) 开磁路点火线圈

开磁路点火线圈主要由铁心、一次绕组、二次绕组、胶木盖、绝缘座等组成。胶木盖中央突出部分为高压插孔，其余的接线柱为低压接线柱。为了减少涡流和磁滞损失，点火线圈的铁心用 0.3～0.5 mm 厚的硅钢片叠成，外面套有绝缘套管。铁心上绕有一次绕组和二次绕组。一次绕组通常用直径为 0.5～1.0 mm 的漆包线绕 240～370 匝；二次绕组通常用直径为 0.06～0.10 mm 的漆包线绕 11 000～30 000 匝。由于一次绕组中流过的电流较大，发热量大，所以绕在二次绕组绝缘层的外面，有利于散热。当低压电流过一次绕组时，铁心被磁化，其磁路如图 5-3 所示。由于磁路上下都暴露在空气中并未构成闭合磁路，所以称为开磁路点火线圈。为了增强绝缘性能，绕组绕好后要在真空中浸以石蜡和松香的混合物，并填满沥青或变压器油，以减少漏磁和加强绝缘性能，同时防止潮气侵入。

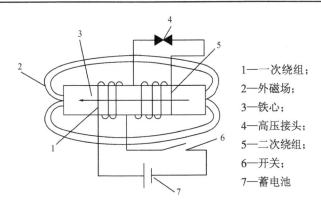

1——一次绕组；

2——外磁场；

3——铁心；

4——高压接头；

5——二次绕组；

6——开关；

7——蓄电池

图 5-3　开磁路点火线圈的磁路

　　根据低压接线柱的数目不同，点火线圈有两接线柱式和三接线柱式之分，开磁路点火线圈的基本结构如图 5-4 所示。

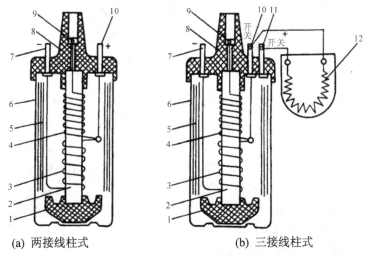

(a) 两接线柱式　　　　　　　　　(b) 三接线柱式

1—绝缘座；2—铁心；3——一次绕组；4—二次绕组；5—导磁钢套；6—外壳；7—低压接线柱 "–"；
8—胶木盖；9—高压接线柱；10—低压接线柱 "+" 或 "开关"；11—低压接线柱 "+ 开关"；12—附加电阻器

图 5-4　开磁路点火线圈结构

　　如图 5-4(a)所示，两接线柱式点火线圈无附加电阻，而用一根导线接至点火开关。这根导线是一根热敏电阻线，被称为附加电阻线，其电阻值为 1.7 Ω，起到三接线柱点火线圈中的附加电阻的作用。

　　如图 5-4(b)所示的三接线柱的点火线圈的胶木盖上，有低压接线柱 7、10 和 11，它们分别接断电器、起动机附加电阻短路接线柱和点火开关。点火线圈附加电阻是具有正温度系数的热敏电阻，它与点火线圈的一次绕组串联，当其温度升高时电阻值迅速增大，温度降低时电阻值迅速减小。发动机工作时，利用附加电阻这一特点自动调节初级电流的大小，可以改善高速时的点火性能。当发动机低速工作时，一次电流大，附加电阻受热量大，其电阻值增大，避免了一次电流过大，防止了一次绕组过热；反之，当发动机高速工作时，一次电流小，附加电阻受热量小，阻值减小，使一次电流增大，保证能产生足够的二次电压。当发动机起动时，由于蓄电池的端电压会急剧下降，致使一次电流减小，点火线圈不能供给足够的高电压和点火能量。为了克服这一影响，在起动时将附加电阻短路，使一次电流最大，提高二次电压和点火能量，改善发动机的起动性能。

2) 闭磁路点火线圈

闭磁路点火线圈的结构如图 5-5 所示。传统的开磁路点火线圈中，次级绕组在铁心中的磁通通过导磁钢套构成回路，磁力线的上、下部分从空气中通过，磁路的磁阻大，磁通损失大，转换效率低(约 60%)；闭磁路点火线圈的铁心是"日"字形或"口"字形，铁心内绕有初级绕组，在初级绕组外面绕有次级绕组，其铁心构成闭合磁路，磁路中只设有一个微小的气隙。闭磁路点火线圈漏磁少，磁阻小，能量损失小，变换效率高，可使点火线圈小型化。

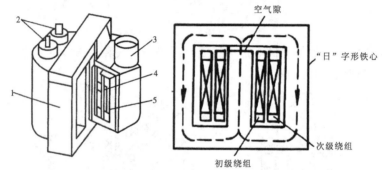

1—"日"字形铁心；2——次绕组接线柱；3—高压接线柱；4——次绕组；5—二次绕组

图 5-5 闭磁路点火线圈

2. 分电器

分电器是点火系统中结构最复杂、功能最多的一个设备，它由断电器、配电器、电容器和点火提前角调节装置等组成，如图 5-6 所示。

分电器的壳体由铸铁制成，下部压有石墨青铜衬套，分电器轴在衬套内旋转。分电器由凸轮直接或间接控制。断电器控制点火线圈产生高压电，配电器将高压电分配到各缸缸线，点火提前角调节装置随发动机转速、负荷等变化调节点火提前角。

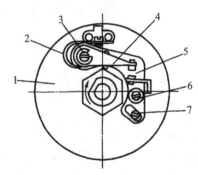

1—固定盘；2—弹簧片；3—销钉；4—活动触点臂；
5—托板；6—固定螺钉；7—调节螺钉

图 5-6 断电器

1) 断电器

断电器是一个串联在点火线圈初级绕组电路中控制低压电流的开关设备，它由活动触点、固定触点及凸轮组成，如图 5-6 所示。其作用是周期性地接通和切断点火线圈低压电路。断电器触点由钨合金制成，固定触点经底板直接搭铁。活动触点与壳体之间是绝缘的，它通过触点臂、经触点弹簧片与分电器低压接线柱相通。活动触点臂有孔一端松套在活动底板的销轴上，通过触点臂弹簧片的弹力紧压在凸轮上。凸轮具有与发动机气缸数相同的凸角，凸轮与托板制成一体，装在分电器轴上，经离心重块由分电器轴驱动。旋动偏心螺钉即可改变固定触点的位置，从而调整断电器触点的间隙。触点之间的间隙一般为 0.35～0.45 mm。

2) 配电器

配电器安装在断电器上方，由胶木制的分电器盖和分火头组成，如图 5-7 所示。配电器的作用是按发动机点火顺序，将高压电分配到各缸火花塞上。分火头插装在凸轮的顶端，和凸轮一起旋转，其上有金属导电片。分电器盖的中央有高压线插孔，其内装有带弹簧的炭柱，压在分火头导电片上。分电器盖的外围有与发动机气缸数相同的旁电极插孔，以安装分缸高压线。分火头上的导电片离旁电极有 0.2～0.8 mm 的间隙。当分火头旋转时，断电器触点打开，而此时分火头正好对准某一旁电极，于是高压电自导电片跳至与其相对的旁电极，再按点火顺序将高压电经高压线送至各缸相应的火花塞。

高压线有中央高压线和分缸高压线两种，一般为耐压绝缘包层的铜芯线或全塑高压阻尼线。高压线常为竖直排列，也有水平布置，可避免折损、缩短长度，抗高电压，延长寿命。

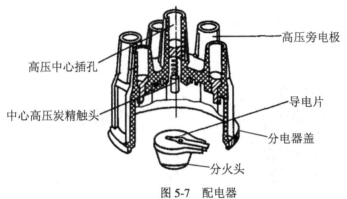

图 5-7 配电器

3) 电容器

电容器装在分电器壳体上，与断电器触点并联。电容器起到两方面作用：一是减小触点断开时产生的火花，减少触点烧蚀，延长其使用寿命；二是当触点断开时，加速初级电流的消失，提高次级电压。

4) 点火提前角调节装置

只有当发动机处于最佳的点火时刻时，才能保证发动机拥有良好的动力性和经济性，同时改善燃烧性能，降低排放。准确的点火提前角对发动机的性能起着至关重要的作用。提前角主要受发动机转速、负荷、燃油品质等因素影响。为了保证发动机在任何工况下都能实现最佳点火时刻，在分电器中设置有点火提前角调节装置。

断电器触点打开，开始点火到活塞到达上止点的时间越长，其对应曲轴转角越大，点火提前角越大，因此，通过调节触点与断电器凸轮或断电器凸轮与分电器轴之间的相对位置，便可实现点火提前角的调节。由于此类装置已被淘汰，因此这里只作简要介绍。

(1) 离心点火提前机构。离心点火提前机构的功能是在发动机转速发生变化时自动调节点火提前角，它通常装在断电器固定底板的下部，随着发动机转速升高，重块的离心力增大，克服弹簧拉力绕柱销转动一个角度，销钉推动托板，使凸轮沿旋转方向相对于分电器轴转过一个角度，点火提前角增大。转速下降时，弹簧将重块拉回，使点火提前角自动减小。

(2) 真空点火提前机构。真空点火提前机构的功能是在发动机负荷变化时，自动调节点火提前角。它安装在分电器壳体的外侧，真空点火提前机构壳内装有膜片，膜片中心固装着拉杆，通过销钉和断电器活动底板连接在一起，拉杆运动可带动断电器活动底板随之转动。当发动机处于小负荷时，节气门开度小，小孔处真空度较大，吸动膜片向右拱曲，拉杆推动活动板带着断电器触点副，使其逆分电器轴旋转方向转动一定角度，使点火提前角增大。节气门开度大时(负荷增大)，小孔处真空度降低，膜片在弹簧力作用下，使点火提前角自动减小。怠速时，节气门接近全闭，小孔处于节气门上方，真空度几乎为零，使点火提前角很小或基本不提前，以保证怠速稳定运转。

(3) 辛烷值校正器。点火提前角的手动调节装置也称为辛烷值校正器。在换用不同品质的汽油时，为适应不同汽油的抗爆性能，常需调整点火时间。不同形式的分电器，其辛烷值校正器的结构也不同，但基本原理相同。通过转动分电器的壳体来带动触点，使触点与分电器轴作相对移动，从而改变点火提前角。逆凸轮旋转方向转动分电器外壳时，点火提前角增大；反之，点火提前角减小。

常用的信号发生器有三种类型，分别是电磁感应式、霍尔式及光电式。如图 5-8 所示为电磁感应式信号发生器。

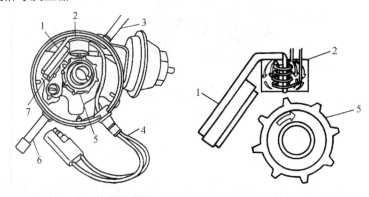

(a) 在分电器中的安装位置　　　　　(b) 结构原理

1—永久磁铁；2—信号线圈；3、6—分电器盖卡簧；4—信号发生[JZ]器线束；5—转子；7—活动板(定子盘)

图 5-8　电磁感应式信号发生器的结构

3. 点火控制器

点火控制器的作用是控制点火系统初级电路的导通与截止，其内部为集成电路，采用全密封结构，如图 5-9 所示。

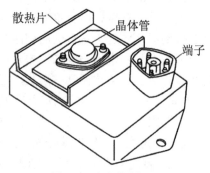

图 5-9　点火控制器

4. 火花塞

火花塞的作用是将高压电引入燃烧室，并形成电火花点燃混合气。火花塞装于气缸盖的火花塞孔内，下端电极伸入燃烧室。上端连接分缸高压线。火花塞是点火系中工作条件最恶劣、要求高和易损坏部件。

1) 火花塞的工作条件及其要求

(1) 混合气燃烧时，火花塞下部将承受气体高压的冲击，要求火花塞必须有足够的机械强度。

(2) 火花塞承受着交变的高电压，要求它应有足够的绝缘强度，能承受 30 kV 的高压。

(3) 混合气燃烧时，燃烧室内温度很高，可达 1500℃～2200℃，进气时又突然冷却至 50℃～60℃，因此要求火花塞不但耐高温，而且能承受温度剧变，不出现局部过冷或过热。

(4) 混合气的燃烧产物很复杂，含有多种活性物质，如臭氧、一氧化碳和氧化硫等，易使电极腐蚀。因此要求火花塞要耐腐蚀。

(5) 火花塞的电极间隙影响击穿电压，所以要有合适的电极间隙。火花塞安装位置要合适，以保证有合理的着火点。火花塞气密性应当好，以保证燃烧室不漏气。

2) 火花塞的构造和类型

(1) 火花塞的结构。

火花塞主要由接线螺母、陶瓷绝缘体、中心电极、侧电极和壳体等部分组成，其结构如图 5-10 所示。在钢质壳体 5 的内部固定有高氧化铝陶瓷绝缘体 2，金属杆 3 位于绝缘体中心孔的上部，金属杆 3 的上端有接线螺母 1，用来接高压导线，下端装有中心电极 10。中心电极 10 与金属杆 3 之间用导电玻璃密封，铜质内密封垫圈 4、8 起密封和导热作用。钢质壳体 5 的上部有便于拆装的六角平面，下部有螺纹以便旋装在发动机气缸盖内，壳体 5 下端固定有弯曲的侧电极 9。电极一般采用耐高温、耐腐蚀的镍锰合金钢或铬锰氮、钨、镍锰硅等合金制成，以提高散热性能。火花塞电极间隙为 0.6～0.7 mm，电子点火间隙可增大为 1.0～1.2 mm。

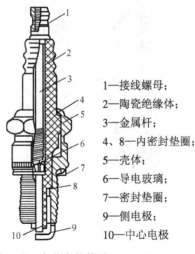

1—接线螺母；
2—陶瓷绝缘体；
3—金属杆；
4、8—内密封垫圈；
5—壳体；
6—导电玻璃；
7—密封垫圈；
9—侧电极；
10—中心电极

图 5-10 火花塞的构造

火花塞中心电极和侧电极之间是绝缘的。当在火花塞两电极间加上直流电压并且电压升高到一定值时，火花塞两电极之间的间隙(火花塞电极间的距离)就会被击穿而产生电火花。能够在火花塞两电极间产生电火花所需要的最低电压称为击穿电压。为了使发动机在各种工况下均能可靠地点火，作用在火花塞间隙的电压应达到 15～20 kV。击穿电压的数值与电极间的距离、气缸内的压力和温度有关。电极间隙越大、气缸内压力越高、温度越低，则击穿电压越高。

发动机工作时，火花塞发火部位吸收热量并向冷却系统散发的性能，称之为火花塞的热特性。火花塞要能正常工作，其下部绝缘体裙部的温度应保持在 500℃～700℃，这样才能使落在绝缘体上的油滴烧干净，不至于形成积碳，通常把这个温度称为火花塞的"自净温度"。

(2) 火花塞的热特性。

裙部短的火花塞，吸热面积小，传热距离短，散热容易，裙部温度低，称为冷型火花塞，如图 5-11 所示。

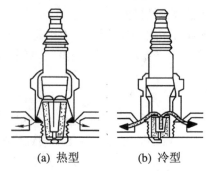

(a) 热型　　　　　　(b) 冷型

图 5-11　火花塞的热特性

(3) 火花塞的类型。

常见的火花塞类型如图 5-12 所示。

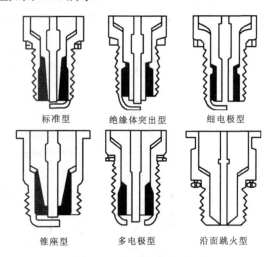

标准型　　　　绝缘体突出型　　　　细电极型

锥座型　　　　多电极型　　　　沿面跳火型

图 5-12　常见火花塞类型

(4) 火花塞的型号。

根据 ZB/T J37 003—1989 标准规定，火花塞型号由以下三部分组成：

第一部分：汉语拼音字母，表示火花塞结构类型及主要形式尺寸，字母的含义如表 5-1 所示。

第二部分：阿拉伯数字，表示火花塞热值。

第三部分：汉语拼音字母，表示火花塞派生产品的特征、特性及特殊技术要求，字母的含义如表 5-2 所示。

表 5-1　火花塞结构类型代号

代表字母	螺纹规格	安装座形式	螺纹旋合长度/mm	壳体六角对边距离/mm
A	M10×1	平座	12.7	16
C	M12×1.25	平座	12.7	17
D		平座	19	17
E	M14×1.25	平座	12.7	20.8
F		平座	19	20.8
G		平座	9.5	20.8

表 5-2　火花塞派生产品的特征、特性排列顺序

顺序	字母	特征与特性	顺序	字母	特征与特性
1	P	屏蔽型火花塞	7	H	环状电极火花塞
2	R	电阻型火花塞	8	U	电极缩入型火花塞
3	B	半导体型火花塞	9	V	V 型电极火花塞
4	T	绝缘体突出型火花塞	10	C	镍铜复合电极火花塞
5	Y	沿面跳火型火花塞	11	G	贵金属火花塞
6	J	多电极型火花塞	12	F	非标准火花塞

三、电子点火系统

(一) 电子点火系统概述

1. 汽车电子点火系统的发展

由于传统点火系统存在触点易氧化烧蚀、次级电压低、可靠性不高等缺点，已不适应现代汽油机向高转速、高压缩比及多缸方向发展的需要。因此，近几十年来世界各国都在探索改进的途径，并生产了各种新型的电子点火系统。

2. 汽车电子点火系统的种类与结构形式

目前汽油机电子点火系统种类繁多：从控制点火线圈初级电流的主要电子元件来看，电子点火系统可分为晶体管点火系统、可控硅点火系统及集成电路点火系统；按点火系统有无触点，电子点火系统可分为有触点电子点火系统和无触点电子点火系统；按点火能量的储存方式，电子点火系统可分为电子电感放电式点火系统和电容放电式点火系统，前者的储能元件是点火线圈本身，而后者的储能元件是附加电容器；按汽油机点火信号发生器的不同类型，无触点电子点火系统又可分为磁感应式(即磁脉冲式、感应式、发电式)电子点火系统、霍尔式电子点火系统、光电式电子点火系统和电磁式电子点火系统。

无触点电子点火系统利用大功率的晶体管代替断电器触点，作为开关来接通或断开点火系统的初级电路，通过点火线圈来产生高压电。自 20 世纪 80 年代以来，汽车上广泛应用无触点电子点火系统。

(二) 无触点电子点火系统

1. 无触点电子点火系统的组成和特点

无触点电子点火系统的基本组成如图 5-13 所示，它主要由点火信号发生器(传感器)、点火控制器、点火线圈、分电器、火花塞等组成。

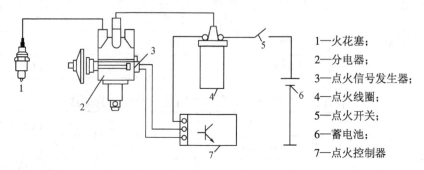

1—火花塞；
2—分电器；
3—点火信号发生器；
4—点火线圈；
5—点火开关；
6—蓄电池；
7—点火控制器

图 5-13　电子点火系统的基本组成

点火信号发生器取代了传统点火系统断电器中的凸轮，用来判定活塞在气缸中所处的位置，并将非电量的活塞位置信号转变成为脉冲电信号输送到点火控制器，从而保证火花塞在恰当的时刻点火，所以点火信号发生器实际就是一种感知发动机工作状况，发出点火信号的传感器。因分电器轴随配气机构凸轮轴同步旋转，且与曲轴之间有确定的相对位置，分电器轴转角位置可以准确地反映出活塞在气缸中的位置，所以大多数点火信号发生器一般仍装在分电器内(分火头下方)，成为分电器的一部分，也有个别发动机直接装于配气机构凸轮轴前端或后端。

电子点火控制器取代了原来断电器的触点，用来根据点火信号发生器输送来的脉冲信号，控制大功率晶体管的导通与截止，从而控制点火线圈初级电路的通断，以诱发次级线圈产生高压电。比较完善的点火控制器还具有恒电流控制、闭合角控制、停车断电保护等多项功能。

分电器主要包括配电器和离心提前装置、真空提前装置，它们的作用、结构和工作原理与传统点火系统对应部分的完全相同。点火线圈、火花塞、点火开关和电源等部分的结构和作用与传统点火系统的相同。

无触点电子点火系统从根本上消除了由触点所引起的缺点，使发动机具有准确而稳定的点火正时。闭合角和恒流控制功能，也使发动机在所有转速下都有可靠的点火。但由于它仍采用真空和机械的方法来调节点火提前角，因而还存在以下缺点：

(1) 点火提前角的控制不够精确，考虑影响点火提前角的因素不全面。

(2) 为避免大负荷时的爆燃，必须采用妥协方式减小点火提前角。

2. 磁感应式电子点火系统

磁感应式电子点火系统也称为磁脉冲式电子点火系统，是用磁脉冲信号发生器代替传统的断电器，当分电器旋转时，磁脉冲信号发生器产生信号电压，经脉冲信号放大器放大后，推动大功率管工作，控制点火线圈初级绕组电路的通断，使次级绕组产生高压电，通过火花塞跳火点燃混合气。

磁感应式电子点火系统由磁感应式点火信号发生器、点火控制器、点火线圈、蓄电池、点火开关、火花塞等组成，如图 5-14 所示。

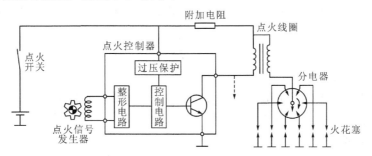

图 5-14 磁感应式电子点火系统原理图

1) 磁感应式点火信号发生器

磁感应式点火信号发生器的作用是产生与发动机曲轴位置相应的磁感应电压脉冲信号，并输入点火控制器作为点火控制信号。

磁脉冲式点火信号发生器的理论依据是电磁感应原理。当通过电磁线圈的磁通量增加时，在线圈内将产生感生电动势，以阻碍磁通量的增加；反之，通过电磁线圈的磁通量减少时，在线圈内将产生一个阻碍磁通量减少的感生电动势，感生电动势大小与磁通变化率成正比。

磁脉冲式点火信号发生器的基本结构如图 5-15 所示，它包括信号转子、永久磁铁、铁心、传感线圈等部件。信号转子安装在分电器轴上，并随分电器轴一起转动。信号转子的凸齿数和发动机的气缸数目相同。信号转子转动时，其凸齿与铁心之间的空气隙发生变化，使通过传感线圈的磁通量发生变化，因而在传感线圈内会产生感生电动势。

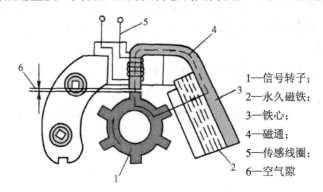

1—信号转子；
2—永久磁铁；
3—铁心；
4—磁通；
5—传感线圈；
6—空气隙

图 5-15 磁脉冲式点火信号发生器的结构示意图

发动机不转动时，信号转子不动，无信号输出；发动机转动时，信号转子由分电器轴带动旋转。具体工作过程如下：

(1) 当凸齿与铁心中心线对正时，凸齿与铁心间的气隙最小，通过传感线圈的磁通量最大，但磁通变化量为零。

(2) 当凸齿逐渐离开铁心时，凸齿与铁心间的气隙越来越大，通过传感线圈的磁通量减少，因而在传感线圈内产生一感生电动势以阻碍磁通量的减少。

(3) 当铁心与导磁转子相邻两凸齿的中间位置相对时，感生电动势最大。

(4) 当凸齿逐渐靠近铁心时，凸齿与铁心间的气隙越来越小，通过传感线圈的磁通量增加，在线圈内产生一感生电动势以阻碍磁通量的增加。

导磁转子运转过程中，凸齿与铁心的相对位置不断发生变化，传感线圈感应不同方向电动势，输出交变电压信号。分电器轴带动信号转子转动一圈，信号发生器就输出和信号转子凸齿数一样数目的交变脉冲信号。该交变脉冲信号最终传输给电子点火器去控制点火线圈初级电路的接通与切断。

日本丰田 MS75 系列汽车用磁脉冲式点火信号发生器如图 5-16 所示，它主要由感应线圈、永久磁铁、信号转子等组成。信号转子上有与发动机气缸数相同的凸齿数。信号转子随分电器轴一同旋转。

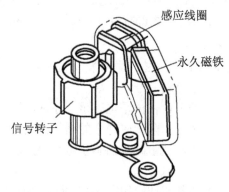

图 5-16　日本丰田 MS75 系列汽车用磁脉冲式点火信号发生器结构示意图

磁脉冲式点火信号发生器输出的点火信号电压幅值和电压波形与发动机转速关系很大。在现代汽车发动机的工作范围内，点火信号电压可在 0.5～100 V 之间变化，使低速时信号较弱，不利于发动机的起动。在转速变化时，由于点火信号发生器输出的信号波形的变化，点火提前机构和闭合角也会发生一定程度变化，不易精确控制。

2) 点火控制器

点火控制器的作用是根据信号发生器的磁感应脉冲信号控制点火线圈初级绕组的接通和关断。

日本丰田 MS75 系列汽车上采用的磁感应式电子点火控制器的原理电路如图 5-17 所示。

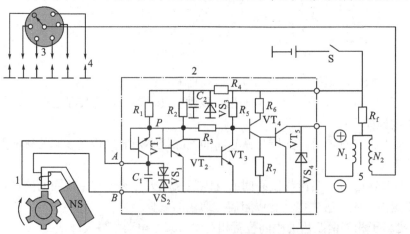

1—点火信号发生器；
2—点火器；
3—分电器；
4—火花塞；
5—点火线圈

图 5-17　磁感应式电子点火控制器的原理电路图

电子点火器将从点火信号发生器得到的信号进行整形、放大以控制点火线圈初级电路的通断。它由点火信号检出电路(三极管 VT_2)、信号放大电路(三极管 VT_3、VT_4)和功率放大电路(大功率三极管 VT_5)等组成。其工作原理如下：VT_2 为触发管，当它导通时，其集电极的电位降低，使 VT_3 截止。VT_3 截止时，蓄电池通过 R_5 向 VT_4 提供偏流，使 VT_4 导通。VT_4 导通时，R_7 上的电压降又加在 VT_4 的发射极上，使 VT_4 导通。这样初级绕组便有电流通过，其电流方向是：蓄电池正极→点火开关 S→附加电阻 R_f→点火线圈初级绕组→大功率三极管 VT_4→搭铁→蓄电池负极。

当 VT_2 截止时，蓄电池通过 R_2 向 VT_3 提供偏流，使 VT_3 导通。VT_3 导通则 VT_4 截止，VT_5 也截止。于是，点火线圈的初级电流被切断，次级绕组产生高压电，击穿火花塞间隙，点燃混合气。

电路中三极管 VT_1 的基极和发射极相连，相当于发射极为正、集电极为负的二极管，起温度补偿作用。其原理如下：当温度升高时，VT_2 的导通电压会降低，使 VT_2 导通提前而截止滞后，从而导致点火推迟。VT_1 与 VT_2 的型号相同，具有同样的温度特性系数，故在温度升高时，VT_1 的正向导通电压也会降低，使 P 点电位 U_P 下降，正好补偿了温度升高对 VT_2 工作电位的影响，而使 VT_2 的导通和截止时间与常温时的相同。

3. 霍尔式电子点火系统

1) 霍尔效应

霍尔式电子点火系统的信号发生器是利用霍尔效应(Hall Effect)原理制成的，它是目前国内外广泛使用的一种点火装置，例如，桑塔纳、奥迪、捷达、红旗等轿车就采用了该点火系统。

1879 年美国约翰霍普金斯大学物理学家爱德华·霍尔博士发现在矩形金属薄板两端通以电流，并在垂直金属平面方向上加以磁场，则在金属的另外两侧之间会产生一个电位差，即霍尔效应，如图 5-18 所示。

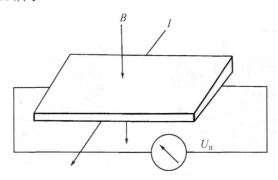

图 5-18 霍尔效应原理图

为了增强这一效应，霍尔元件由半导体材料薄片制成，常用的材料有硅、锗、锑砷化钢等。

当电流 I 通过放在磁场中的半导体基片(即霍尔元件)，且电流方向与磁场方向垂直时，在垂直于电流与磁场的半导体基片的横向侧面上，即产生一个与电流和磁场强度成正比的霍尔电压，这一现象称为霍尔效应。霍尔电压与磁感应强度 B 成正比，与磁通的变化速率无关。利用这一效应即可制成霍尔发生器，它能准确地控制发动机气缸的点火时间。

2) 霍尔式点火信号发生器的结构

霍尔式点火信号发生器的结构如图 5-19 所示，它由触发叶轮和触发开关等组成，触发叶轮与分火头制成一体，由分电器带动，又能相对分电器轴作少量转动，以保证离心调节装置正常工作。

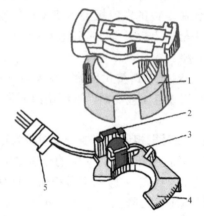

1—触发叶轮；
2—霍尔集成电路；
3—永久磁铁；
4—触发开关；
5—插接器

图 5-19　霍尔式点火信号发生器结构示意图

触发叶轮的叶片数与气缸数相同。触发开关由霍尔集成电路和带导板的永久磁铁组成。霍尔集成电路的外层为霍尔元件，同一基板的其他部分制成放大回路。触发叶轮的叶片则在霍尔集成电路和永久磁铁之间转动。

触发叶轮转动时，每当叶轮进入永久磁铁与霍尔集成块之间的空气隙时，霍尔集成块中的磁场即被触发叶轮的叶片所旁路(或称隔磁)，如图 5-20(a)所示。这时，霍尔元件不产生霍尔电压，集成电路输出级的晶体管处于截止状态，信号发生器输出高电位。

当触发叶轮的叶片离开空气隙时，永久磁铁的磁通便通过霍尔集成块和导板构成回路，如图 5-20(b)所示。这时，霍尔元件产生霍尔电压，集成电路输出级的晶体管处于导通状态，信号发生器输出低电位。

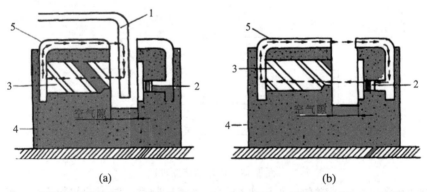

(a)　　　　　　　　　　　　　(b)

1—触发叶轮的叶片；2—霍尔集成块；3—永久磁铁；4—霍尔传感器；5—导板

图 5-20　霍尔式点火信号发生器的工作原理

发动机工作时，转子不断旋转，转子的缺口交替地在永久磁铁与霍尔触发器之间穿过，使霍尔触发器中产生变化的电压信号(方波)，并经内部的集成电路整形为规则的方波信号输入点火控制电路，控制点火系统工作。

由上可知，叶片进入空气隙时，信号发生器输出高电位；叶片离开空气隙时，信号发生器输出低电位。分电器不停地转动，方波便不断产生。

霍尔式点火信号发生器输出的点火信号幅值、波形不受发动机转速的影响，即使在低速时也能输出稳定的点火信号，因此低速性能好，有利于发动机的起动。在任何工况下，霍尔式点火信号发生器均能输出高低电平时间比一定的方波信号，使点火正时精度高，易于控制。因此，霍尔式电子点火系统应用越来越广泛。

3) 霍尔式电子点火系统中点火器的功能

桑塔纳轿车装有集成电路电子点火器，其电路图如图 5-21 所示。该点火器除具有一般点火器的开关作用外，还增加了点火限流控制、闭合角控制、停车断电控制、过压保护控制等功能。

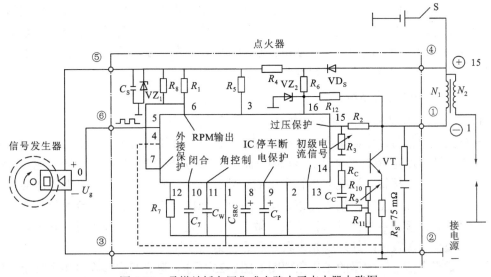

图 5-21 桑塔纳轿车用集成电路电子点火器电路图

4) 点火控制

桑塔纳轿车霍尔式电子点火系统电路图如图 5-22 所示。根据霍尔信号发生器的方波信号，控制点火线圈的初级电路连接或切断实现点火。

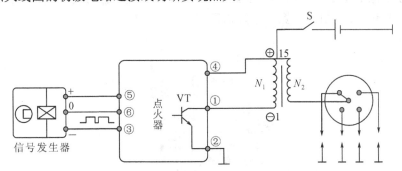

图 5-22 桑塔纳轿车霍尔式电子点火系统电路图

当点火开关 S 接通，发动机转动，霍尔式传感器触发叶轮的叶片进入传感器的空气隙时，传感器输出高电平(9.8 V)，通过连接器加到点火控制器集成电路，点火控制器内部电路根据发动机转速、电源电压和点火线圈的特性参数工作，输出高电平使达林顿三极管 VT

导通，接通点火线圈初级绕组电流。

当传感器触发叶轮的叶片离开空气隙时，传感器输出的信号电压由高电平(9.8 V)转变为低电平(0.1 V)并输入点火控制器，控制器接收到该信号电压后，输出低电平使达林顿三极管 VT 截止，切断点火线圈初级电流，次级绕组中便感应产生高压电，供给各缸火花塞跳火点燃可燃混合气。

5) 霍尔式电子点火系统的特点

(1) 工作可靠性高。霍尔式点火信号发生器无磨损部件，不受灰尘、油污的影响，无调整部件，小型坚固，寿命长。

(2) 发动机起动性能好。霍尔式点火信号发生器的输出电压信号与叶轮叶片的位置有关，但与叶轮叶片的运动速度无关。也就是说，霍尔式点火信号发生器的输出电压信号与磁通变化的速率无关。霍尔式点火信号发生器与磁感应式点火信号发生器不同，它不受发动机转速的影响，明显地增强了发动机的起动性能，有利于低温或其他恶劣条件下起动。霍尔式点火信号发生器目前已经得到广泛的应用。

4. 光电式电子点火系统

1) 光电式点火信号发生器的结构

光电式点火信号发生器是利用光电效应原理，以红外线或可见光光束进行触发点火信号的。它主要由遮光盘(信号转子)、遮光盘轴、光源、光接收器(光敏元件)等组成。光源绝大多数采用发光二极管。发光二极管发出的红外线光束一般还要用一只近似半球形的透镜聚焦，以便缩小光束宽度，增大光束强度，有利于光接收器接收、提高点火信号发生器的工作可靠性。光接收器为光敏二极管或光敏三极管。光接收器与光源相对，并相隔一定的距离，以便使光源发出的红外线光束聚焦后照射到光接收器上。

光电式点火信号发生器的工作原理图如图 5-23 所示，遮光盘安装在分电器轴上，位于分火头下方。遮光盘的外缘介于光源与光接收器之间，遮光盘的外缘上开有缺口，缺口数等于发动机气缸数。当遮光盘随分电器轴转动时，光源发出的射向光接收器的光束被遮光盘交替挡住，因而光接收器交替导通与截止，形成电脉冲信号。该电信号引入点火控制器即可控制初级电流的通断，从而控制点火系统的工作。遮光盘每转一圈，光接收器输出的电信号的个数等于发动机气缸数，正好供每缸各点火一次。

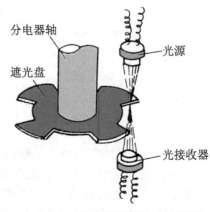

分电器轴
遮光盘
光源
光接收器

图 5-23 光电式点火信号发生器的工作原理图

光电式点火信号发生器结构简单，成本低，其触发信号仅取决于遮光盘的位置，与转速无关。但缺点是对灰尘敏感，脏污后灵敏度会降低。

2) 光电式电子点火系统的电子点火器

光电式电子点火系统的电子点火器的作用是把光接收器的信号电流放大，通过功率晶体管的导通与截止来控制点火线圈初级电流的通断，其控制电路如图 5-24 所示。

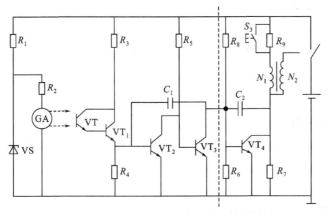

图 5-24　光电式电子点火系统的电子点火器电路图

镓砷红外线二极管 GA 为红外线光源，硅光敏晶体管 VT 为接收器。发动机工作时，遮光盘随分电器轴转动，当遮光盘上的缺口通过光源时，红外线通过缺口照到硅光敏晶体管 VT 上，使其导通，VT_1 随之导通。VT_1 导通后，给 VT_2 提供基极电流，使 VT_2 导通。VT_2 导通时，VT_3 由于发射极被短路而截止。VT_3 截止时，VT_4 由于 R_8、R_6 的分压获得基极电流而导通，于是接通了点火线圈的初级电路。当遮光盘的实体部分遮住红外线时，VT_1、VT_2 截止，VT_3 导通，VT_4 截止，切断了点火线圈初级电路。

稳压管 VS 使镓砷红外线二极管工作电压维持在 3 V 左右。R_7 的作用是当 VT_4 截止时，给初级绕组中的自感电动势提供回路以保护 VT_4。起动时，通过 S_3 可将附加电阻 R_9 短路，使起动容易。C_1 对 VT_2 构成正反馈，使 VT_2、VT_3 加速翻转。

图 5-24 虚线左边的元件和线路做在一块混合厚膜集成电路上，装在分电器内；VT_4 和 C_2、R_6、R_7 装在放大器的铝质散热器外壳中。

任务 2　点火系统的使用维护与检测

一、点火系统的正确使用

点火系统在使用过程中，应该注意以下问题：

(1) 安装或更换部件时，接线必须正确、牢固，尽量减少搭铁点的接触电阻。

(2) 在拆接系统中的导线或拆接检测仪器时，必须先关闭点火系统。

(3) 洗车时，应关闭点火系统，尽量避免将水溅到电子点火器和分电器内。

(4) 发动机运转时，不可拆去蓄电池连接线，或用刮火的方法检查发电机的发电情况，以免损坏电子元件。但在车上电焊作业时，应先拆去蓄电池搭铁线。

(5) 电子点火器应安装在干燥、通风良好的部位，并保持其表面清洁，以利散热。

(6) 电子点火系统中所用点火线圈为高能点火线圈，应尽量避免用普通点火线圈代替。

(7) 为防止无线电干扰，应使用规定阻值的高压导线、火花塞插头和分火头。

(8) 高压导线必须连接可靠，否则高压电极易击穿分电器盖及点火线圈绝缘层。

(9) 如果怀疑点火系统有故障，而又必须拖动汽车时，应先拆下点火器插接件。

(10) 使用带快速充电设备的起动辅助装置起动时，电压不得超过 16.5 V，使用时间不得超过 1 min。

(11) 应定期检查、维护点火系统的部件，保证其处于良好的技术状态。

二、点火系统元件的检修

1. 点火线圈的检修

点火线圈在工作时，温度升高属于正常现象。要判断点火线圈性能是否正常，可对其进行以下检查。

1) 外部检查

目测点火线圈，若有绝缘盖破裂或外壳碰裂，就会因受潮而失去点火能力，应予以更换。

2) 初次级绕组断路、短路和搭铁检查

(1) 测量电阻法。用万用表测量点火线圈的初级绕组、次级绕组以及附加电阻的电阻值，应符合技术标准，否则说明有故障，应予以更换。初级绕组的电阻值一般为 0.5～1.0 Ω(高能点火线圈)和 1.5～3.0 Ω(普通点火线圈)。

(2) 试灯检验法。用 220 V 交流电试灯，接在初级绕组的两接线柱上，若灯不亮则是断路；当检查绕组是否有搭铁故障时，可将试灯的一端与初级绕组相连，一端接外壳，如灯亮，则表示有搭铁故障；短路故障用试灯不易查出。

3) 次级绕组检查

利用测量电阻法和试灯检验法可进行次级绕组检查，具体方法与初级绕组的相同。次级绕组的电阻值一般为 2.5～4.0 kΩ(高能点火线圈)和 6.0～8.0 kΩ(普通点火线圈)。

4) 附加电阻检查

点火线圈如果有附加电阻，则附加电阻的电阻值也应符合标准。附加电阻的电阻值一般为 1.4～1.7 Ω。

5) 绝缘性能检查

点火线圈初级、次级绕组与外壳应绝缘。用兆欧表检查接线柱与外壳的绝缘电阻，如图 5-25 所示。采用 500 V 兆欧表测量时，电阻值不得小于 200 MΩ。

6) 发火强度检查

发火强度检查一般在试验台上进行，也可以在车上用对比跳火法进行，将被检验的点火线圈与好的点火线圈分别接在车上进行对比试验，看其火花强度是否一样。

图 5-25　点火线圈绝缘性能检查

点火线圈经过检验，如内部有短路、断路、搭铁等故障，或发火强度不符合要求，一般均应更换为新件。

2. 配电器的检修

1) 分电器盖的检修

在检查分电器盖性能是否正常时，主要检查两个方面，即外观检查和绝缘检查。

(1) 外观检查。用一块干燥洁净的棉布将分电器盖擦拭干净后仔细观察，分电器盖应无裂纹及烧蚀痕迹，内部各电极应无明显的磨损、腐蚀及烧蚀，否则应更换分电器盖；中心电极应无卡滞，若烧蚀磨损致使其长度较标准长度减小 2 mm 以上，应更换为新件。

(2) 绝缘检查。将高压触针分别插在分电器盖上的两个相邻的旁插孔内或中央插孔与旁插孔内进行试火，若有火，则说明绝缘损坏，应更换。也可用兆欧表检测，如图 5-26(a) 所示，万用表置 $R \times 10$ kΩ 挡，分电器中央插孔与各旁电极插孔之间的电阻应大于 50 kΩ，否则分电器有裂纹或积污，应清洁或更换。

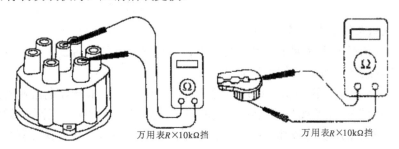

万用表 $R \times 10$ kΩ 挡　　　　　　　　　　万用表 $R \times 10$ kΩ 挡

(a) 检查分电器盖绝缘情况　　　　　　(b) 检查分火头绝缘情况

图 5-26　配电器的故障检查

2) 分火头的检修

分火头的检查包括外观检查、绝缘检查和分火头导电片电阻检查。

(1) 外观检查。分火头应无任何裂纹、烧蚀及击穿。

(2) 绝缘检查。将高压电源(10～20 kV)的一根触针接分火头导电片，另一触针对准分火头座孔内，若有火花产生，则说明分火头漏电；也可将分火头倒放在缸体上，将分电器中央高压线距分火头 3～4 mm，触点分开时，若有火花，则说明分火头漏电。还可采用兆欧表检测，如图 5-26(b)所示，电阻应大于 50 kΩ，否则应更换。

(3) 分火头导电片电阻检查。用万用表检查分火头顶部导电片电阻，应符合规定。分火头检查不符合要求的，应更换。

3. 点火信号发生器的检修

1) 磁脉冲式点火信号发生器性能检查

磁脉冲式点火信号发生器性能是否良好，可以通过下面的检查进行判断：

(1) 检查信号转子凸齿与线圈铁心之间的间隙值。如图 5-27(a)所示，可用厚薄规进行测量，该间隙的标准值为 0.2～0.4 mm；如不符合，可用与触点式分电器调整触点间隙类似的方法进行调整。

(2) 测量传感线圈的电阻值。如图 5-27(b)所示，用万用表电阻挡测量与分电器相连的两根导线之间的电阻值，电阻值一般应为 800 Ω ± 400 Ω。在测量时，可用旋具轻敲分电器壳，以检查其内部是否有松旷和接触不良的故障。如电阻值为无穷大，则说明传感线圈有断路，一般断路点多在导线接头处。电阻值过大或过小，都需更换信号发生器总成。

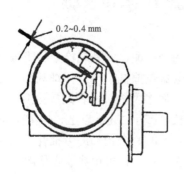

(a) 用厚薄规检查信号转子凸齿与线圈铁心间隙

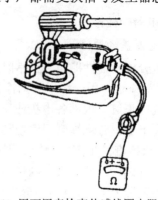

(b) 用万用表检查传感线圈电阻值

图 5-27　磁脉冲式点火信号发生器性能检查

2) 霍尔式点火信号发生器性能检查

霍尔式点火信号发生器属于有源式传感器，要检测其性能是否良好，可以在线路连接正常的情况下，就车检查。具体步骤如下：

(1) 测量输入电压是否正常。接通电源开关，用电压表测量与分电器相连接的插接器"+"与"−"接线柱(红黑线与棕白线)之间的电压，如图 5-28 所示。无论触发叶轮的叶片是否进入空气隙，电压表读数都应接近电源电压，否则说明电子点火器没有给点火信号发生器提供正常的工作电压。

(2) 检查输出信号电压。将分电器外壳搭铁，信号发生器接上电源后转动分电器轴，测其信号输出线"0"与"−"(绿白线与棕白线)间的电压，如图 5-28 所示。车型不同，所采用霍尔式点火信号发生器的输出电压波动范围不一样，幅值会有所变化。一般在触发叶轮的叶片进入空气隙时，电压应为 9.8 V；当触发叶轮的叶片离开空气隙时，电压应为 0.1～0.5 V。

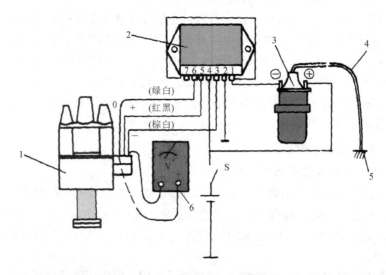

1—分电器；2—电子点火器；3—点火线圈；4—中央高压线；5—搭铁；6—直流电压表

图 5-28　霍尔式点火信号发生器性能检查

4. 点火控制器的检修

1) 磁感应式点火控制器的检查

磁脉冲式点火系统中传感器输入信号为交变的电压信号，可以用 1.5 V 干电池作为输入信号，用试灯或电压表检查控制器的状态。

(1) 用干电池和试灯进行检查。如图 5-29(a)所示，将 1.5 V 干电池交替地接在点火控制器两个输入端时，试灯也随之交替地亮、灭，否则说明点火控制器有故障，应更换。

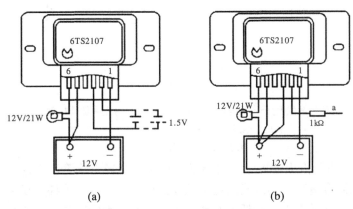

(a)　　　　　　　　　　(b)

图 5-29　磁感应式点火控制器检查

(2) 用干电池和电压表进行检查。将电压表接点火线圈"−"接线柱，当干电池交替地接在控制器输入端时，电压表的读数应在 1~2 V 和 12 V 之间交替变化，否则说明点火控制器有故障。

(3) 用电阻和试灯进行检查。如图 5-29(b)所示，将 1 kΩ 电阻接在点火控制器的输入端"2"，以"a"端触碰蓄电池负极时，试灯亮 0.5 s 后熄灭，否则说明点火控制器有故障。

2) 霍尔式点火控制器的检查

(1) 模拟信号法。如图 5-30 所示，用一节 1.5 V 的干电池，分别正接和反接于电子点火器的两根信号输入线间，同时用万用表电压挡检查点火线圈"−"接线柱与搭铁之间的电压。在正接和反接两次测试中，测试值应一次为 1~2 V，一次为 12 V，否则说明电子点火器有故障。也可以用试灯代替万用表，通过观察试灯亮灭进行判断，在两次测接过程中，试灯应一次亮，一次灭，否则说明电子点火器有故障。

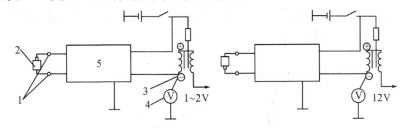

(a) 正接(使初级通路)检查　　　　(b) 反接(使初级断路)检查

1—电子点火器信号输入端；2—干电池；3—点火线圈检测点(−)；4—检测电压表；5—电子点火器

图 5-30　模拟信号法检查点火控制器

(2) 高压试火法。在确认点火信号发生器和点火线圈等均良好的情况下，可采用高压试火法判断电子点火器是否有故障。方法是：将分电器中央高压线拔出，高压线端部距离缸体 5～7 mm，接通点火开关，使分电器轴转动，信号发生器产生点火脉冲，此时看高压线端是否跳火。霍尔式电子点火系统可以参照图 5-31 所示的方法操作。如果火花强，则说明电子点火器良好。

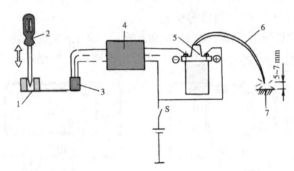

1—霍尔式点火信号发生器(分电器内)；2—螺丝刀；3—信号发生器插接件；4—电子点火器；

5—点火线圈；6—中央高压线；7—发动机体

图 5-31　高压试火法示意图

(3) 加热法。电子点火器内细小的电子元件对高温极为敏感，检查时，可模拟发动机运转时其舱内的温度情况，用灯泡或电烙铁加热电子点火器，这样可使电子点火器内部元件或线路的故障现象暴露出来，便于发现故障。一般检查间断性出现的故障时，可采用此种方法。

(4) 替换法。采用相同规格的新电子点火器替换怀疑有故障的点火器，如故障排除，则说明原电子点火器损坏。该方法是判断故障最简单、最有效的方法。但必须是在故障分析的基础上，有针对性地进行元件替换，不可盲目替换。

5. 火花塞的检验与维护

1) 清除火花塞积碳

火花塞积碳较多时，相当于在电极间隙处并联一个电阻，称为泄漏电阻，这使二次电压不易建立，甚至造成发动机断火。

清除火花塞积碳，不应使用钢丝等工具，以免损伤绝缘体。应当使用火花塞清洗试验器，如图 5-32 所示。将有积碳的火花塞装于试验器带有橡皮圈的清洗孔中，起动空气压缩机，待气压升至 68～70 kPa 时，打开压缩空气阀门，让压缩空气鼓吹起砂袋中的砂粒喷射火花塞的裙部，同时缓缓转动火花塞，使内腔各表面上的积碳和积垢被清除干净。最后用压缩空气吹净火花塞内残存的砂粒、粉尘即可。

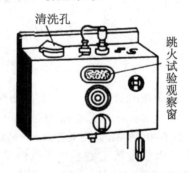

图 5-32　火花塞清洗试验器

2) 修整火花塞

用钢丝刷刷去火花塞螺纹沟槽中的积垢，所用刷丝的直径应为 0.015 mm 以下。再用什锦挫刀修磨电极表面，使其显露出金属光泽，恢复中心电极和侧电极原有形状。这样有利于火花塞的使用和降低跳火的二次电压。

3) 火花塞间隙的调整

新型发动机的火花塞间隙一般为 0.80～1.20 mm，测量时应用钢丝式专用量规，不得使用普通量规，如图 5-33(a)所示。若火花塞间隙过小，穿透电压下降，电火花强度变弱，当气缸新鲜混合气受废气冲淡的影响较大时，可能产生缺火现象；若火花塞间隙过大，则穿透电压升高，点火线圈绝缘击穿失效。火花塞间隙不符合规定数值时，可以使用专用工具弯曲旁电极进行调整，如图 5-33(b)所示。

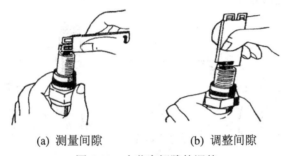

(a) 测量间隙　　　　　　　　(b) 调整间隙

图 5-33　火花塞间隙的调整

4) 火花塞性能试验

火花塞工作时处于 800 kPa 以上的气体压力下，所以试验火花塞的跳火需要模拟其工作环境，才能准确判断其性能。在火花塞清洗试验器上进行跳火试验，其方法是：将火花塞拧入火花塞孔中，起动空气压缩机，慢慢调高箱内的充气压力，当到达 900 kPa 时，打开开关，从观察窗中看跳火情况。若火花塞间隙连续产生强烈的蓝色火花，则说明火花塞性能良好；否则，说明火花塞性能欠佳，不宜使用。

6. 高压线的检修

1) 电阻测量

取下高压线，用万用表电阻挡进行高压线电阻的检测。将万用表两触针分别接每条高压线的两端，测其电阻值。若此电阻值小于 25 kΩ，则说明高压线性能良好，否则将影响高压火花的强度，说明高压线性能不良，应予以更换。

2) 高压线的维护

现代发动机点火系统产生极高的电压和温度。长时间承受高压和高温的火花塞接头套(甚至高压线)会软化，并熔接在火花塞的瓷管上。为此，可以在高压线绝缘套、靠近热源的绝缘层表面涂上硅润滑剂，并注意高压线的排列，避免打折。

任务3　点火系统常见故障诊断

点火系统对发动机性能有十分重要的影响。当点火系统中出现一次侧电路短路、断路，一次电流过小，二次电压过低，点火提前调节失效以及点火正时不当等故障时，将出现发动机运转不平稳、发动机运转无力、加速不良或产生回火、放炮等不正常现象，使发动机的动力性、经济性下降，排放污染加剧，甚至发动机不能起动。

点火系统故障是汽油机比较常见的故障，其特点是发生突然，原因复杂。下面分别介绍几种点火系统的故障诊断方法。

一、点火系统故障常用诊断方法

1. 试灯法或电压表测量法

用一只如图 5-34 所示的试灯或电压表来代替一根导线，逐段试验，若灯亮或电压表指针不动，则说明该段之前有断路。

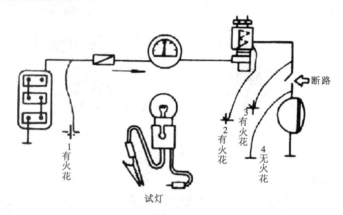

图 5-34　逐段搭铁试火法示意图

2. 高压试火法

将分电器中心高压线或火花塞上的高压线拔下，将线头对准缸体离开 6～8 mm。然后打开点火开关，用起动机使发动机转动，观察线端间隙是否跳火及火花强弱程度。

二、电子点火系统故障诊断

汽车电子点火系统的故障检查与传统触点式点火系统有许多相同之处，除了对点火线圈、火花塞、高压线、点火正时等进行检查外，还应检查点火器、点火传感器(信号发生器)以及连接导线等。

(一) 电子点火系统在故障检查时应注意的问题

(1) 在发动机起动和工作时，不要用手触摸点火线圈高压线和分电器等，以免受电击。

(2) 在检查点火系统电路故障时，不要用刮火的方式来检查电路的通断，这种做法容易损坏电子元器件，电路通断与否应该用万用表电阻挡来进行检查判断。

(3) 进行高压试火时，最好用绝缘的橡胶夹子夹住高压线来进行试验，直接用手接触高压线容易造成电击。另一避免电击的方法是：将高压导线插入一只备用火花塞，然后将火花塞外壳搭铁，从火花塞电极间隙观察是否跳火。

(4) 在点火开关接通的情况下，不要做连接或切断线路的操作，以免烧坏控制器中的电子器件。

(5) 在拆卸蓄电池时，必须确认点火开关和其他所有的用电设备及其开关都已关闭，才能进行拆卸。

(6) 安装蓄电池时，一定要辨清正负极，负极搭铁。蓄电池极性与线夹的连接一定要牢固，否则容易损坏电子设备。

(7) 在检查点火信号发生器、曲轴位置传感器时应注意以下几点：

① 对于磁感应式的，在打开分电器盖时注意不要让垫圈、螺钉之类的金属物掉入其内。在检查导磁转子与定子之间的间隙时，要使用无磁性厚薄规，并注意不要硬塞强拉。

② 对于光电式的，不要轻易打开分电器盖，若确需打开检查时，要注意避免尘土对发光二极管、光敏元件和遮光转子的污损。

③ 在用干电池模拟点火信号检查电子点火控制时，测量动作要快，干电池连接的持续时间一般不要超过 5 s。

④ 霍尔式电子点火系统，在检查维修时可能会产生高压放电现象，造成对人身和点火系统本身的意外损害，所以必须注意以下几点。

a. 进行全体检查和维修前，应先切断电源，再按要求进行。

b. 当使用外接电源供维修使用时，应严格限制其电压不大于 16 V。当电压达到 16～16.5 V 时，接通时间不允许达到或超过 1 min。

c. 霍尔式电子点火系统的汽车被拖动时，应首先切断点火系统电源。

d. 点火线圈负接线柱不允许与电容相连。

e. 任何条件下，只允许使用阻值为 1 kΩ 的分火头，防止电磁干扰的 1 kΩ 阻尼电阻电缆不得用其他代替，火花塞插头电阻值应在 1～5 kΩ 之间。

注：必要的话，可重复设定一次。

(二) 电子点火系统常见故障

电子点火系统常见故障有点火系统无高压火、高压火花弱、点火正时失准、点火性能随工况变化等。

1. 点火系统无高压火

1) 故障现象

接通点火开关，起动机能带动发动机曲轴运转，点火系统无高压火。

2) 故障原因

(1) 曲轴位置传感器连接电路短路或断路。

(2) 曲轴位置传感器工作性能不良。

(3) 点火控制模块性能失效或连接线束松脱、短路或断路。

(4) 线圈的初级绕组断路。

(5) 点火线圈的次级绕组断路。

(6) 高压线断路。

(7) 火花塞工作不良。

3) 故障诊断

起动发动机，检查警告灯是否常亮，若常亮，应读取故障码，并根据故障码的内容诊断低压电路的故障；若警告灯正常，则应检查点火系统的高压电路。

关闭点火开关，拔下发动机转速传感器的插头，用万用表测量相应的插座端子之间的电阻值，如果所测数值不符合规定，应更换发动机转速传感器。

2. 高压火花弱

1) 故障现象

跳火试验时高压火花弱，发动机起动困难，怠速不稳，排气冒黑烟，加速性及高中速性较差。

2) 故障原因

(1) 点火器点火线圈不良，高压线电阻过大。

(2) 火花塞漏电或积碳，点火系统供电电压不足或搭铁不良等。

3) 故障诊断

检查点火器和点火线圈工作状况是否良好，供电电压是否正常，各插接件及导线连接是否牢固，点火器搭铁是否可靠；清除火花塞积碳，更换漏电的火花塞。

3. 点火正时失准

1) 故障现象

(1) 发动机不易起动，怠速不稳。

(2) 发动机动力不足，水温偏高。

(3) 发动机易爆、易燃等。

2) 故障原因

初始点火提前角调整不当；曲轴转角与转速传感器不良或安装位置不正确。

3) 故障诊断

检查初始点火提前角并按规定予以调整。影响发动机点火正时失准的主要零部件是发动机点火基准传感器和曲轴转角与转速传感器，因此要检查信号转子是否有变形、歪斜，信号采集与输出部分安装有无不当，装置的间隙是否合适。

4. 点火性能随工况变化

1) 故障现象

低速时工作正常，高速时失速；温度低时正常，温度高时不正常；刚起步时正常，工作一段时间后出现故障等。

2) 故障原因

(1) 凸轮轴传感器和曲轴转角与转速传感器等安装松动。

(2) 电路连接器件接触不良，点火器热稳定性差。

(3) 点火线圈局部损坏或击穿，高压线电阻过大等。

3) 故障诊断

检查各有关部件安装有无松动，电路连接是否牢固、可靠，点火器、点火线圈是否异常；检查或更换高压线、火花塞等。

不同车型的电子点火系统的线路结构不尽相同，但都可以按图5-35所示的检查方法和故障诊断程序准确、迅速地排除故障。

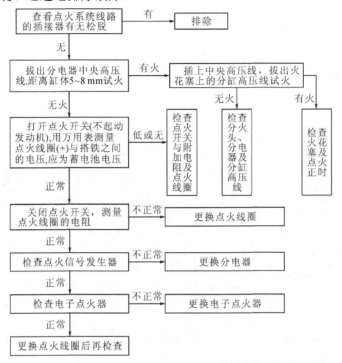

图 5-35　电子点火系统故障分析图

【拓展知识】

微机控制点火系统

一、概述

发动机的最佳点火提前角与转速、负荷、水温、进气温度、空燃比、燃油的辛烷值等运行参数和使用因素有关。传统点火系统和无触点点火系统只考虑转速和负荷两种因素，用真空和机械离心的方法对点火提前角进行调节。由于机械调节的滞后、磨损等自身局限性，而与发动机所要求的理想点火特性相差甚远。20 世纪 70 年代后期得到广泛应用的微机控制点火系统，实现了点火提前角的自动控制，即可根据发动机的工况对点火提前角进行适时控制。

微机控制点火系统具有响应速度快、运算和控制精度高、抗干扰能力强等优点，使发动机在各种工况和使用条件下的点火提前角都与相应的最佳点火提前角比较接近，并且不存在机械磨损等问题，使发动机的性能得到进一步改善和更加充分的发挥。因此，微机控制点火系统是继无触点的普通电子点火系统之后，点火系统发展的又一次飞跃。

微机控制点火系统按是否配有分电器分为有分电器微机控制点火系统和无分电器微机控制点火系统两种。

二、微机控制点火系统的组成与工作原理

微机控制点火系统的组成及功能如表 5-3 所示。

表 5-3　微机控制点火系统的组成及功能

组　　成	功　　能
空气流量计(L 型)传感器	通过检测节气门开度信号，再由 ECU 得到点火提前角的修正信号值
进气歧管绝对压力传感器(D 型)	
曲轴位置传感器(Ne 信号)	通过检测曲轴转角(转速)信号，再由 ECU 得到点火系统的主控制信号
凸轮轴位置传感器(G1、G2 信号)	通过检测凸轮轴转角信号，再由 ECU 得到点火系统的主控制信号
节气门位置传感器	通过检测节气门开度信号，再由 ECU 得到点火提前角的修正信号
冷却液温度传感器	通过检测发动机冷却液温度信号，再由 ECU 得到点火提前角的修正信号
起动开关	向 ECU 输入发动机正在起动中的信号，得到点火提前角的修正信号
空调开关 A/C	向 ECU 输入空调的工作信号，得到点火提前角的修正信号
进气温度传感器	通过检测进气温度信号，再由 ECU 得到点火提前角的修正信号
N 位开关	通过检测 P 位或 N 位信号，再由 ECU 得到点火提前角的修正信号
爆燃传感器	通过检测发动机的爆燃信号，再由 ECU 得到点火提前角的修正信号
发电机负荷信号	通过检测发动机的负荷信号，再由 ECU 得到点火提前角的修正信号

(一) 微机控制点火系统的组成

微机控制点火系统是点火系统发展的重大突破，其最大成功在于取消了机械点火提前调节装置，实现了点火提前角的电脑自动控制。目前，微机控制点火系统在设计和结构上，随着汽车生产厂家、生产年代不同都有所不同，但基本结构是大同小异，一般由各类传感器、电子控制单元(Electronic Control Unit，ECU)和点火执行器三部分组成，如图 5-36 所示。有分电器的微机控制点火系统中点火执行器是由点火器、点火线圈、分电器及火花塞组成的。

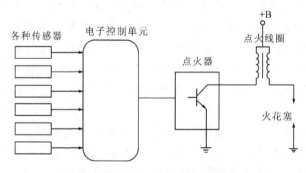

图 5-36　微机控制点火系统组成示意图

1. 传感器

传感器主要用于检测反馈发动机工况信息，为 ECU 提供点火提前角的控制依据。其中，

最主要的传感器是凸轮轴位置传感器、曲轴位置传感器和空气流量计(L 型)传感器。

2. 电子控制单元(ECU)

电子控制单元(ECU)是点火系统的控制中枢,其作用是根据发动机各传感器的输入信息及内存数据,进行运算、处理、判断,然后输出指令(信号),控制执行器(点火器)的动作,达到快速、准确控制发动机工作的目的。

3. 点火器

点火器为电子控制单元的执行机构,它根据电子控制单元输出的指令(信号),通过内部大功率管的导通与截止,控制初级电流的通断,完成点火工作。有些点火器还具有恒流控制、闭合角控制、气缸判别、点火监视等功能。

(二) 微机控制点火系统的工作原理

发动机运行时,ECU 不断采集发动机的转速、负荷、冷却水温度、进气温度等信号,并将其与微机内存储器中预先存储的最佳控制参数进行比较,确定出该工况下最佳点火提前角和初级线路的最佳导通时间,以此向点火控制模块发出指令。

点火控制模块根据 ECU 的点火指令,控制点火线圈初级回路的导通和截止。当电路导通时,有电流从点火线圈中的初级线圈流过,点火线圈此时将点火能量以磁场的形式储存起来。当初级线圈中的电流被切断时,次级线圈中将产生很高的感应电动势(15～30 kV),送到工作气缸的火花塞,点火能量被瞬间释放,并迅速点燃气缸内的混合气,发动机完成做功过程。

(三) 微机控制点火系统的控制功能

1. 点火提前角控制

在 ECU 的 ROM 中,存储有点火提前脉谱图。该图包含每一个发动机工况点的点火提前角,这个点火提前角是在设计发动机时,按照预定的准则要求,对燃油消耗、转矩、排放污染、距爆燃极限的安全余量、发动机温度以及车辆的行驶性能等优化处理后得到的。根据实际需要,完整的点火脉谱图包含 1000～4000 个独立的可重复使用的点火提前角数值。

发动机工作时,ECU 综合各传感器的输入信息,从 ROM 中选出最适当的点火提前角,再根据曲轴转速与位置传感器和凸轮轴位置传感器(同步信号传感器、判缸传感器)的信号,控制大功率三极管的导通与截止,即控制点火线圈初级电流的通与断。

下面以 NISSAN 公司的 ECCS 点火系统为例加以叙述。

例如在某种运转工况下,ECU 选出的最佳点火提前角是 30°。因曲轴转速与位置传感器的 120°信号,是在上止点前 70°时发出的,所以 ECU 在接收到 120°信号时,即可知道某缸活塞处于压缩上止点前 70°的位置。又因为 ECU 在 120°信号输入以后,再经过 4°的曲轴转角才开始计数 1°信号,所以当 ECU 计数到 36 个 1°信号后,在第 37 个 1°信号输入的同时,截止大功率管切断初级电路。又如,在电源电压为 14 V 时,导通时间为 5 ms。若此时曲轴转速为 2000 r/min,那么导通时间相当于 60°的曲轴转角。因为六缸发动机的发火间隔角为 120°,所以在大功率管截止期间,曲轴转过角度为 120° − 60° = 60°。因此,ECU 从大功率管截止时开始计数 1° 信号，当数到第 61 个 1° 信号时，大功率管开始导通，如图 5-37 所示。

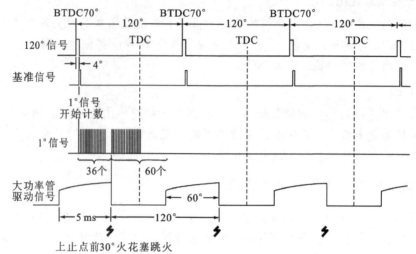

图 5-37　ECCS 点火系统

在微机控制点火系统中，点火提前角的控制按照发动机起动期间和正常运行工况期间两种基本工况实现控制。发动机正常运行期间，ECU 要根据实测的有关发动机各种工况信息，确定最佳点火提前角。最佳点火提前角包括基本点火提前角和修正点火提前角。修正点火提前角又包括暖机修正、过热修正和怠速稳定修正。

图 5-37 中，点火提前角为 30°、曲轴转速为 2000 r/min、导通时间为 5 ms。

2．通电时间控制

根据点火原理，微机控制点火系统中点火线圈的一次电路被接通后，其一次电流是按指数规律增长的，一次断开电流直接影响点火能量和二次电压最大值 U_{2max}。一次电路被断开瞬间，一次电流所能达到的值即断开电流与一次电路接通的时间长短有关。只有通电时间达到一定值时，一次电流才可能达到饱和，进而获得较高的二次电压。因此，必须保证有足够的通电时间。但如果通电时间过长，点火线圈又会发热并使电能消耗增大。考虑到上述两方面的要求，必须要控制一个最佳通电时间。

对通电时间进行控制，就是对点火闭合角进行控制。系统对闭合角进行控制时，ECU 的内存中存储了根据电源电压和发动机转速确定的点火闭合角三维数据表格。ECU 通过查找表格内的数据，即可计算确定最佳的点火闭合角。

另外，蓄电池电压变化也会影响一次电流，如蓄电池电压下降时，在相同的通电时间里一次电流所达到的值将会减小，因此必须对通电时间进行修正。

3．爆燃控制

汽油发动机获得最大功率和最佳燃油经济性的有效方法之一是增大点火提前角，但是点火提前角过大又会引起发动机爆震。爆震的主要危害一是噪声大，二是导致发动机使用寿命缩短甚至损坏，发动机在大负荷状态工作时，这种可能性更大。消除爆震最有效的方法就是推迟点火提前角，如图 5-38 所示。理论与实践证明：剧烈地爆震会使发动机的动力性和经济性严重恶化，而当发动机工作在爆震的临界点或有轻微的爆震时，发动机热效率最高，动力性和经济性最好。因此，利用点火提前角的爆震控制能够有效地控制点火提前角，从而使发动机工作在爆震的临界状态。

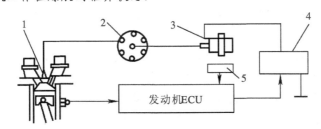

1—火花塞；2—分电器；3—点火线圈；4—点火控制器；5—爆燃传感器

图 5-38 爆燃控制方法

三、微机控制点火系统的类型

微机控制点火系统主要有两种形式：有分电器的微机控制点火系统和无分电器的微机控制点火系统。

(一) 有分电器的微机控制点火系统

有分电器的微机控制点火系统一般由传感器、微机控制器、点火执行器等组成，如图5-39 所示。

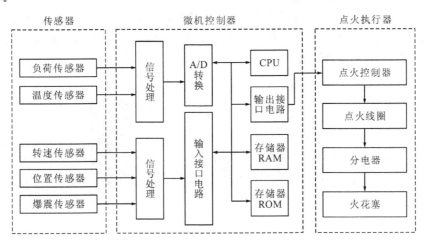

图 5-39 有分电器的微机控制点火系统

在有分电器的微机控制点火系统中，分电器唯一的用途是产生初级电路的开关信号和把次级电压分配到各个火花塞。这种机械配电方法具有点火能量损失大、高速时火花能量不易保证、电磁干扰严重、易产生漏电和磨损后影响点火正时的缺陷。桑塔纳 2000GLi、红旗 CA7220E 型轿车和切诺基 Cherokee 吉普车的点火系统都采用了这种配电方式。

(二) 无分电器的微机控制点火系统

无分电器的微机控制点火系统(丰田称之为 DLI(Distributor-less Ignition System)，通用称之为 DIS(Direct Ignition System))取消了传统的分电器，没有分火头和分电器盖，它将点火线圈产生的高压电直接输送给火花塞，因此又称微机控制直接点火系统。我国一汽大众生产的部分奥迪轿车和捷达轿车、上海大众汽车公司生产的部分桑塔纳2000型轿车等也相继采用了无分电器的微机控制点火系统。无分电器的微机控制点火系统正逐步成为点火系统的主流。

无分电器的微机控制点火系统由低压电源、点火开关、微机控制单元(ECU)、点火控制器、点火线圈、火花塞、高压线和各种传感器等组成。有的无分电器的微机控制点火系统还将点火线圈直接安装在火花塞上方，取消了高压线。

无分电器的微机控制点火系统有二极管分配式和点火线圈分配式两大类。

1. 二极管分配式

二极管分配式是利用二极管的单向导通特性，对点火线圈产生的高压电进行分配的同时点火方式。与二极管分配式相配的点火线圈有两个初级绕组、一个次级绕组，相当于是共用一个次级绕组的两个点火线圈的组件。次级绕组的两端通过四个高压二极管与火花塞组成回路，其中配对点火的两个活塞必须同时到达上止点，即一个处于压缩行程上止点时，另一个处于排气行程上止点。微机控制单元根据曲轴位置等传感器输入的信息，经计算、处理，输出点火控制信号，通过点火控制器中的两个大功率三极管，按点火顺序控制两个初级绕组的电路交替接通和断开。利用四个高压二极管的单向导电性，交替地对1、4缸和2、3缸进行点火，如图5-40所示。由于点火线圈有两组初级绕组，且电流方向相反，所以点火时在次级绕组产生的电压极性相反。当功率三极管VT1截止时，点火线圈次级绕组产生上正下负的高压电，这时，高压二极管VD1、VD4导通，1、4缸火花塞跳火；当功率三极管 VT2 截止时，点火线圈次级绕组产生下正上负的高压电，这时，高压二极管 VD2、VD3 导通，2、3缸火花塞跳火。

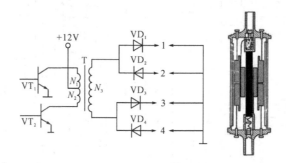

图 5-40　二极管分配式(右为点火线圈)

2. 点火线圈分配式

点火线圈分配式无分电器的微机控制点火系统是将来自点火线圈的高压电直接分配给火花塞，有单独点火和同时点火两种方式。

1) 单独点火方式

BOSCH 公司于 1983 年开发并采用了如图 5-41 所示的单独点火方式，即一个火花塞配用一只点火线圈。这种点火方式的优点如下：

(1) 由于可以取消高压导线，将点火线圈直接安装在火花塞顶上，因而能量损失小，电磁干扰也大大减少。

（2）特制的点火线圈的充放电时间极短，能在高达 9000 r/min 的宽转速范围内，提供足够点火电压和点火能量。

单独点火方式特别适合在双凸轮轴发动机上配用，点火线圈安装在两根凸轮轴中间，每一点火线圈压装在各缸火花塞上，在布置上很容易实现。奥迪轿车四气门五缸发动机的点火线圈安装情况如图 5-42 所示，每个点火线圈通过导向座用四个螺钉固定在气缸盖的盖板上，然后再扣压到各缸火花塞上。

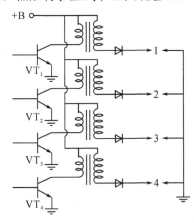

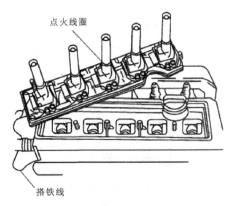

图 5-41 单独点火方式   图 5-42 奥迪五缸发动机点火线圈的安装

2）同时点火方式(浪费火花的点火方式)

所谓同时点火方式，是指一个点火线圈有两个高压输出端，它们分别与一个火花塞相连，同时为两个气缸点火，如图 5-43(a)所示。这种方式要求共用一只点火线圈的两个气缸的工作相位差 360° 曲轴转角，这样在一缸火花塞在压缩上止点跳火的同时，另一缸则在排气上止点跳火。由于压缩缸内的压力高，所需的击穿电压也较高；而排气缸内的压力很小，并且在燃烧末期气体中有导电离子存在，使得火花塞很容易跳火，能量损失小。因此，跳火时的大部分电压降都加在压缩缸的火花塞上，从而保证了压缩缸的正常点火。

在大功率三极管导通的瞬间，点火线圈的次级绕组会产生大约 1000 V 的电压。由于无分电器的微机控制点火系统没有附加的配电器间隙，因此 1000 V 电压全部作用在火花塞上。如果此时活塞正处于进气行程末期与压缩行程初期之间，缸内的压力较小，则很可能使火花塞跳火，产生回火现象，造成发动机不正常运转。

为了防止这种现象的产生，在电路中串联一个二极管，如图 5-43(b)所示。当大功率管导通时，由于二极管的反向截止功能，1000 V 的高压电无法使火花塞跳火。而当大功率管截止时，高压电可顺利地通过二极管使火花塞跳火。

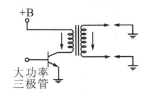
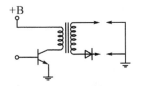
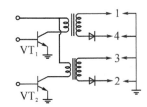

(a) 双缸点火时的放电电路   (b) 高压二极管的作用   (c) 四缸发动机的两个点火线圈

图 5-43 双缸同时点火方式示意图

双缸同时点火方式只用于气缸数为双数的发动机上。图 5-43(c)是四缸发动机双缸同时点火方式。发动机采用同时点火方式时，点火线圈实际是由若干个相互屏蔽的、独立的点火线圈组装起来形成的一个点火线圈组件。每个独立的点火线圈初级绕组的一端通过点火开关与电源正极相连，另一端由点火控制器的大功率三极管控制搭铁；次级绕组两端分别接到两个气缸的火花塞上，使两个气缸的火花塞同时跳火。

四、微机控制点火系统的实例

1. 皇冠 3.0 汽车 2JZ—GE 型发动机微机控制点火系统

如图 5-44 所示为皇冠 3.0 汽车 2JZ—GE 型发动机微机控制点火系统电路图。

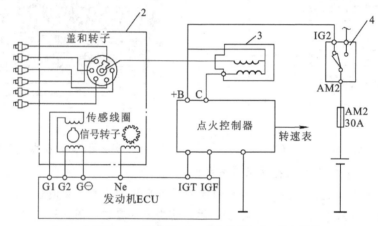

1—火花塞；2—分电器；3—点火线圈；4—点火开关

图 5-44　皇冠 3.0 汽车 2JZ—GE 型发动机微机控制点火系统电路图

在该点火系统中，曲轴位置传感器安装在分电器中，其结构如图 5-45 所示，该传感器为电磁式的。

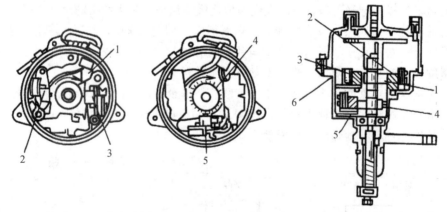

1—G 转子；2—G1 耦合线圈；3—G2 耦合线圈；4—Ne 转子；5—Ne 耦合线圈；6—分电器

图 5-45　曲轴位置传感器的结构与安装位置

2. HONDA Accord(本田雅阁)汽车 F22B1 型发动机微机控制点火系统

如图 5-46 所示为 HONDA Accord 汽车 F22B1 型发动机微机控制点火系统元件位置图，

该车发动机ECU在驾驶室内仪表台的下方。

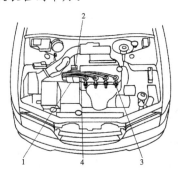

1—分电器；2—点火线圈；3—火花塞；4—高压线

图5-46 HONDA Accord 汽车F22B1型发动机微机控制点火系统元件位置图

图5-47为HONDA Accord 汽车F22B1型发动机微机控制点火系统电路图。在该点火系统中，曲轴位置传感器(TDC/CKP/CYP)、点火线圈、点火控制器都在分电器中，与分电器合为一体。其分电器的结构如图5-48所示。

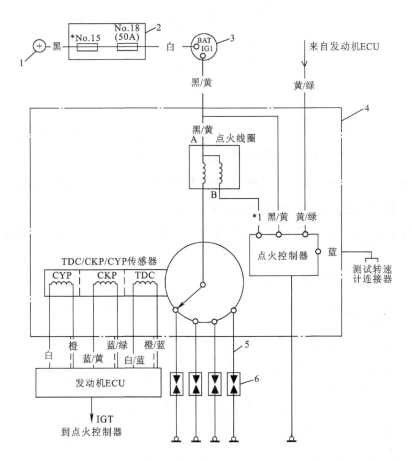

1—蓄电池正极；2—发动机盖下熔断器/继电器盒；3—点火开关；4—分电器总成；

5—高压线；6—火花塞

图5-47 HONDA Accord 汽车F22B1型发动机点火系统电路图

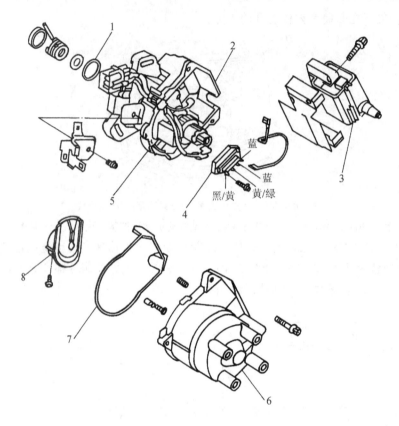

1—O 形圈；2—分电器外壳；3—点火线圈；4—点火控制器；5—曲轴位置传感器；

6—分电器盖；7—油封；8—分火头

图 5-48　HONDA Accord 汽车 F22B1 型发动机微机控制点火系统中分电器的结构

3. 奥迪 V6 发动机无分电器的微机控制点火系统

奥迪 V6 发动机点火系统采用的是无分电器点火系统(DLI)，其点火系统的控制原理如图 5-49 所示。

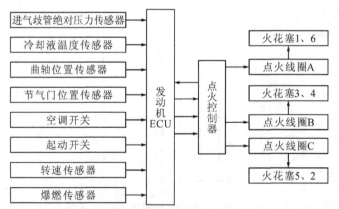

图 5-49　奥迪 V6 发动机无分电器的微机控制点火系统的控制原理

该点火系统的组成如图 5-50 所示，该点火系统主要传感器的位置如图 5-51 所示。

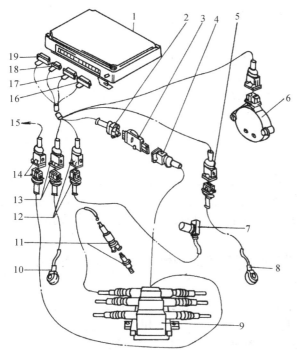

1—发动机 ECU；

2—发动机 ECU 点火
　信号线插接器(四孔)；

3—点火控制器 N122；

4—点火线圈端插接器(三孔)；

5、12、13、14、16、
17、18、19—插接器；

6—凸轮轴位置传感器 G40；

7—曲轴位置传感器 G4；

8—爆燃传感器Ⅱ；

9—双点火线圈 N、N128
　和 N158；

10—爆燃传感器Ⅰ；

11—火花塞及插接器；

15—点火开关控制的火线

图 5-50　奥迪 V6 发动机无分电器的微机控制点火系统的组成

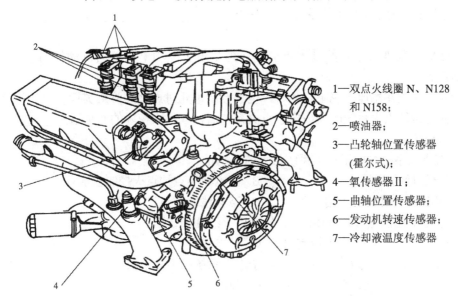

1—双点火线圈 N、N128
　和 N158；

2—喷油器；

3—凸轮轴位置传感器
　(霍尔式)；

4—氧传感器Ⅱ；

5—曲轴位置传感器；

6—发动机转速传感器；

7—冷却液温度传感器

图 5-51　奥迪 V6 发动机点火系统主要传感器的位置

思 考 与 练 习

一、填空题

1. 点火系统根据点火能量储存方式的不同，可分为＿＿＿＿ 和＿＿＿＿两大类。

2. 晶体管控制无触点电子点火系统可_____初级电流，从而提高次级电压。

3. 无触点电子点火系统用_____代替断电器的触点，产生点火信号。

4. 点火信号发生器用于产生与气缸数及曲轴位置相对应的_____信号。

5. 电磁感应信号发生器主要由_____、_____、_____组成。

6. 点火控制器通过改变点火线圈初级绕组_____时刻来改变闭合角。

7. 电容储能式电子点火系统的点火能量以_____形式储存在电容器中。

8. 在微机控制的点火系统中，发动机工作时的点火提前角由_____、_____和_____三部分组成。

9. 微机控制电子点火系统主要由_____、_____、_____三部分组成。

10. 点火提前角的主要影响因素有_____、_____、_____、_____等。

11. 微机控制电子点火系统的传感器用来检测与点火有关的发动机工况_____，并将_____输入至电控单元。

12. 所谓最佳点火提前角，是指混合气在气缸内燃烧后，最高燃烧压力出现在上止点后_____左右时所对应的点火提前角。

13. 点火提前角的主要影响因素有_____、_____、_____、_____等。

14. 曲轴位置传感器的类型有_____、_____和_____。

15. 空气流量计用来测量进入气缸的空气量，将其作为发动机的_____和_____基本信号。

16. 无分电器的电子控制点火系统可分为_____、_____和_____三种点火方式。

17. 微机控制点火系统的基本点火提前角是电子控制单元根据发动机的_____和_____确定的。

18. 当发动机在怠速工况下工作时，电子控制单元对点火提前角实行_____。

19. 在将传统点火系统改换成电子点火系统后，应将火花塞的间隙适当_____。

二、选择题

1. 传统点火系统与电子点火系统最大的区别是(   )。
A. 点火能量的提高　　　　　　　　B. 断电器触点被点火控制器取代
C. 曲轴位置传感器的应用　　　　　D. 点火线圈的改进

2. 普通电子控制点火系统由(   )控制点火线圈的通断。
A. ECU　　　　　B. 点火控制器　　　C. 分电器　　　　　　D. 转速信号

3. 一般来说，缺少了(   )信号，电子点火系统将不能点火。
A. 进气量　　　　B. 水温　　　　　C. 转速　　　　　　　D. 上止点

4. 点火闭合角主要是通过(   )加以控制的。
A. 通电电流　　　B. 通电时间　　　C. 通电电压　　　　　D. 通电速度

5. 混合气在气缸内燃烧，当最高压力出现在上止点(   )左右时，发动机输出功率最大。
A. 前 10°　　　　B. 后 10°　　　　C. 前 5°　　　　　　D. 后 5°

6. 在装有(   )系统的发动机上，发生爆震的可能性增大，更需要采用爆震控制。
A. 废气再循环　　B. 涡轮增压　　　C. 可变配气相位　　　D. 排气制动

7. 发动机工作时，随冷却液温度提高，爆燃倾向(　　)。

A. 不变　　　　　　B. 增大　　　　　　C. 减小　　　　　　　　D. 与温度无关

8. 日本丰田 TCCS 系统中，实际点火提前角是(　　)。

A. 实际点火提前角 = 初始点火提前角 + 基本点火提前角 + 修正点火提前角

B. 实际点火提前角 = 基本点火提前角 × 点火提前角修正系数

C. 实际点火提前角 = 基本点火提前角 × 点火提前角修正系数 + 修正点火提前角

D. 实际点火提前角 = 初始点火提前角 + 基本点火提前角 × 点火提前角修正系数

9. ECU 根据(　　)信号对点火提前角实行反馈控制。

A. 水温传感器　　　　　　　　　B. 曲轴位置传感器

C. 爆燃传感器　　　　　　　　　D. 转速传感器

10. 凸轮轴位置传感器产生两个 G 信号，G1 信号和 G2 信号相隔(　　)曲轴转角。

A. 180°　　　　　　B. 90°　　　　　　C. 270°　　　　　　　D. 360°

11. Ne 信号指发动机(　　)信号。

A. 凸轮轴转角　　　　　　　　　B. 转速传感器

C. 曲轴转角　　　　　　　　　　D. 空调开关

12. 采用电控点火系统时，发动机实际点火提前角与理想点火提前角的关系为(　　)。

A. 大于　　　　　　B. 等于　　　　　　C. 小于　　　　　　　D. 接近于

13. 发动机工作时，ECU 根据发动机(　　)信号确定最佳闭合角。

A. 转速信号　　　B. 电源电压　　　C. 冷却液温度　　　D. A 和 B

14. 发动机在暖机修正工况下工作时，若冷却液温度较低，点火提前角应适当(　　)。

A. 增大　　　　　　B. 减小　　　　　　C. 不应改变

15. 当发动机在怠速工况下工作时，电子控制单元对点火提前角实行(　　)。

A. 开环控制　　　B. 闭环控制　　　C. 温度高时开环控制，温度低时闭环控制

三、判断题

1. 发动机转速增大时，点火提前角应增大。　　　　　　　　　　　　　　(　　)

2. 发动机负荷减小时，点火提前角应减小。　　　　　　　　　　　　　　(　　)

3. 使发动机产生最大功率，不损失能量就应在活塞到达上止点时点火。　　(　　)

4. 点火过迟会使发动机过热。　　　　　　　　　　　　　　　　　　　　(　　)

5. 火花塞间隙过小，高压火花变弱。　　　　　　　　　　　　　　　　　(　　)

6. 刮火试验法只是不允许在发动机运转状态下使用。　　　　　　　　　　(　　)

7. 点火控制器的作用是控制点火线圈初级绕组中电流的通断。　　　　　　(　　)

8. 在将传统点火系统改换成电子点火系统后，应将火花塞的间隙适当调小。　(　　)

9. 微机控制电子点火系统的基本点火提前角是电子控制单元根据发动机的水温和转速确定的。　　　　　　　　　　　　　　　　　　　　　　　　　　　　　(　　)

10. 点火系统根据点火能量储存方式的不同，可分为电感储能和电场储能两类。(　　)

四、简答题

1. 普通电子点火系统由哪些部件组成？各部件的作用是什么？

2. 简述传统点火系统产生高压电的原理。

项目六　照明与信号系统的检查调整及检修

【知识目标】

(1) 掌握汽车照明与信号系统的组成、工作原理和正确使用方法。

(2) 掌握汽车照明与信号系统电路的故障检修方法。

【技能目标】

(1) 能正确使用汽车照明与信号系统。

(2) 能正确对汽车照明与信号系统的工作状况进行检修，并能针对具体问题进行原因分析。

(3) 能对照明与信号系统故障进行诊断及排除。

任务1　照明与信号系统的结构原理及检测与调整

一、照明与信号系统的组成和作用

为了方便汽车行驶，保证行车安全，在汽车上装有照明与信号系统。汽车的照明与信号系统构成了汽车电气设备中一个独立电路系统。一般轿车有 15～25 个外部照明灯和 40 多个内部照明灯，这说明照明与信号系统在现代汽车上具有重要作用。

照明与信号系统必须满足两个要求，一个是保证运行安全，另一个是符合交通法规。

照明与信号系统主要包括以下部分：

(1) 前照灯：又称大灯、头灯，其作用是夜间运行时照明道路，功率为 40～60 W。

(2) 小灯：又称驻车灯、示宽灯，其作用是汽车夜间行车或停车时，标识其轮廓或存在，前小灯为白色，后小灯为红色，功率为 5～10 W。

(3) 牌照灯：安装在汽车尾部的牌照上方，其作用是夜间照亮汽车牌照，灯光为白色，功率为 5～15 W。

(4) 仪表灯：安装在汽车仪表上，其作用是夜间照亮仪表，灯光为白色，功率为 2～5 W。

(5) 顶灯：安装在驾驶室的顶部，其作用是照亮驾驶室内部，灯光为白色，功率为 5～8 W。

(6) 雾灯：其作用是雨、雾天气用来照明，灯光为黄色，因为黄色有良好的透雾性，功率为 35～55 W。

(7) 转向信号灯：又称方向指示灯，简称转向灯，其作用是在汽车转弯时，发出明暗交替的闪光信号，使前后车辆、行人、交警知其行驶方向，转向灯的灯光为橙色，后转向灯也可以为红色，灯泡的功率一般不小于 20 W。

(8) 制动灯：又称刹车灯，安装于汽车后面，其作用是在汽车制动停车或制动减速行驶时，向后车发出灯光信号，以警告尾随的车辆，防止追尾，灯光为红色，功率为 20 W 以上。

(9) 倒车灯：其作用有两个，一个是向其他的车辆和行人发出倒车信号，另一个是夜间倒车照明，灯光为白色，功率为 20 W。

(10) 指示灯：其作用是指示某一系统是否处于工作状态，灯光为绿、橙、白色，功率为 2 W。

(11) 报警灯：安装在仪表板上，其作用是监测汽车各系统的技术状况，当某一系统出现异常情况时，对应的报警灯亮，提醒驾驶员该系统出现故障，灯光为红色或黄色，功率为 2 W。

此外，还有工作灯、门灯、踏步灯、行李箱灯、阅读灯、电喇叭、蜂鸣器等。部分照明灯的安装位置如图 6-1 所示。

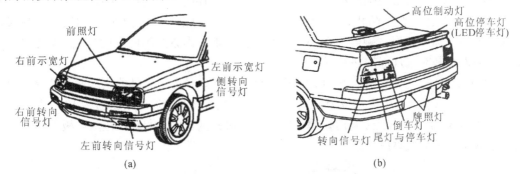

图 6-1　部分照明灯的安装位置

国产主要车型各种照明灯及信号灯的灯泡功率配用情况见表 6-1。

表 6-1　部分汽车照明灯及信号灯的灯泡功率配用情况

汽车型号	电压/V	功率/W								其他灯具
		前照灯		示宽灯	转向灯	牌照灯	制动灯	仪表灯	顶灯	
		远光	近光							
切诺基	12	55	45	3.8	6.1	4.9	26	2.7	—	尾灯 6.1 W，警告灯 1.4 W
CA1091	12	外侧60，内侧55	55	5	21	5	21	2	5	后照灯兼倒车灯 21 W，临时停车示宽灯 3 W
EQ1090	12	50	35	20	20	8	20	2	5	前照灯、后照灯 28 W，工作灯 20 W
BJ2020	12	50	40	8	20	8	20	2	8	防空与防雾灯 35 W，工作灯 8 W，阅读灯 2 W
NJ130	12	50	40	8	20	8	20	2	8	工作灯 20 W
NJ150	24	50	40	8	20	8	20	2	8	防雾灯 35 W

二、前照灯的结构原理及检测与调整

(一) 对前照灯的要求

汽车前照灯的夜间照明必须保证车前 100 m 以内的路面上有明亮而均匀的光照，使驾驶员能够看清车前 100 m 以内的路面情况。随着汽车行驶速度的提高，对汽车前照灯照明距离的要求也将相应的增加，现代高速汽车的照明距离应达到 200～250 m 以上。

前照灯应具有防眩目的装置，以免夜间两车相会时，使对面汽车驾驶员眩目而肇事。

(二) 前照灯的结构

前照灯的光学组件由灯泡、反射镜和配光镜三部分组成。

1. 灯泡

灯泡的结构如图 6-2 所示。

(1) 充气灯泡：采用钨丝作灯丝，灯泡内充满氮和氩的混合惰性气体。

(2) 卤素灯泡：为了防止钨丝的蒸发和灯泡的黑化现象，在充入灯泡的气体中掺入某一卤族元素，如氟、氯、碘等。在相同功率的情况下，卤素灯泡的亮度是充气灯泡的 1.5 倍，使用寿命是充气灯泡的 2～3 倍。

(3) HID(氙气)灯泡：即高压气体放电灯泡，其原理是在抗紫外线水晶石英玻璃管内，充填多种化学气体，其中大部分为氙气与碘化物等惰性气体，通过增压器将 12 V 直流电压瞬间增压至 5～12 kV，经过高压振幅激发石英管内的氙气电子游离，在两电极之间产生光源，这就是所谓的气体放电。

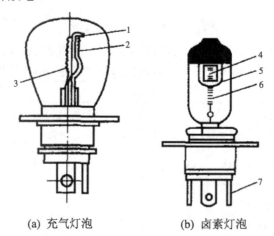

(a) 充气灯泡　　　　(b) 卤素灯泡

1、5—遮光罩；2、4—近光灯丝；3、6—远光灯丝；7—插片

图 6-2　前照灯的灯泡构造

2. 反射镜

反射镜是用薄钢板冲压而成的，如图 6-3 所示，其表面镀银、铬、铝等，然后抛光。反射镜的作用是尽可能多地收集灯泡发出的光线，并将这些光线聚合成很强的光束射向远方。反射镜的表面形状大都是旋转抛物面，位于反射镜焦点上的灯泡所发出的光线，经反

射镜后的情况如图 6-3 所示。

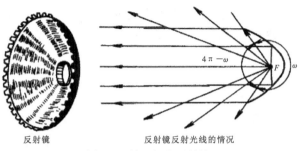

反射镜　　　　　　　　　　反射镜反射光线的情况

图 6-3　前照灯的反射镜

3．配光镜

配光镜也称散光玻璃，是由透明玻璃压制而成的棱镜和透镜的组合体。配光镜的作用是将反射镜反射出的光束进行折射，以扩大光线的照射范围，使车前 100 m 以内的路面有良好而均匀的照明。经配光镜作用后反射光束的分布，如图 6-4 所示。

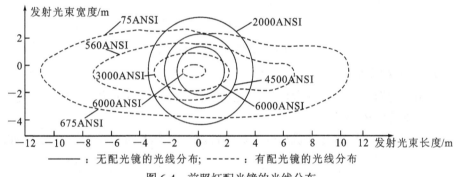

———：无配光镜的光线分布；------：有配光镜的光线分布

图 6-4　前照灯配光镜的光线分布

(三) 前照灯的防眩目措施

1．采用双丝灯泡

当对面来车，使用近光灯时，由于光线较弱，经反射后的光线大部分射向车前的下方，所以可避免使对面驾驶员眩目。如图 6-5 所示，远光灯丝位于焦点上，功率大(45～60 W)，便于提高车速；近光灯丝位于焦点上方，功率小(20～40 W)，便于光束倾向路面。

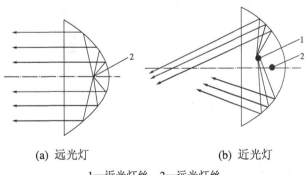

(a) 远光灯　　　　　　　　　(b) 近光灯

1—近光灯丝；2—远光灯丝

图 6-5　双丝灯泡的远、近光束

2. 采用带遮光罩的双丝灯泡

当使用近光灯时,遮光罩能将近光灯丝射向反射镜下部的光线遮挡住,无法反射,可增强防眩目效果。目前这种双丝灯泡广泛使用在汽车上,如图6-6所示。

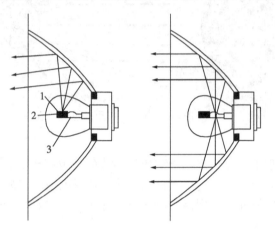

1—近光灯丝;2—遮光罩;3—远光灯丝

图6-6　带遮光罩的双丝灯泡

3. 采用不对称光形

安装时将遮光罩偏转一定的角度,使其近光的光形分布不对称,将近光灯右侧光线倾斜升高15°,如图6-7(b)所示。

为防止对面来车驾驶员与非机动车人员眩目,Z型光形是目前较先进的光形,如图6-7(c)所示。

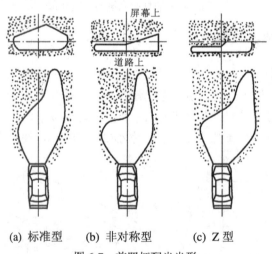

(a) 标准型　　　(b) 非对称型　　　(c) Z型

图6-7　前照灯配光光形

(四) 前照灯分类

前照灯可分为以下几类:

(1) 可拆式前照灯。

(2) 全封闭式前照灯(真空灯)。全封闭式前照灯结构如图6-8所示，其反射镜、配光镜制成一体，灯丝焊在反射镜底座上，反射镜的镜片为真空镀铝，可防污染。

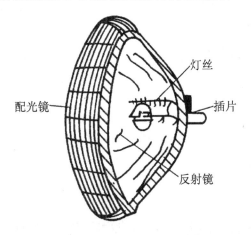

图6-8　全封闭式前照灯结构

(3) 半封闭式前照灯。半封闭式前照灯结构如图6-9所示。更换灯泡时，不能用手触摸灯泡玻璃壳部分，其正确方法如图6-10所示。

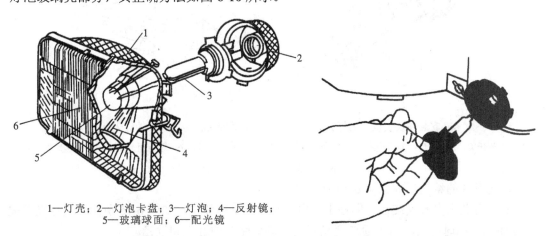

1—灯壳；2—灯泡卡盘；3—灯泡；4—反射镜；
5—玻璃球面；6—配光镜

图6-9　半封闭式前照灯结构　　　　图6-10　更换半封闭式前照灯灯泡时的正确操作

(4) 投射式前照灯。如图6-11所示，投射式前照灯的反射镜近似于椭圆形状，具有两个焦点。

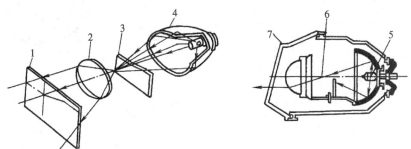

1—屏幕；2—凸形配光镜；3—遮光镜；4—椭圆反射镜；5—第一焦点；6—第二焦点；7—总成

图6-11　投射式前照灯结构

(5) 弧光式前照灯。弧光式前照灯结构如图 6-12 所示。

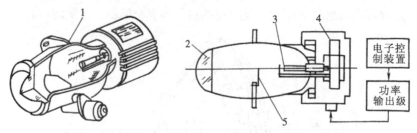

1—总成；2—透镜；3—弧光灯；4—引燃及稳弧部件；5—遮光灯

图 6-12　弧光式前照灯结构

(五) 灯光开关与前照灯电路

1. 灯光开关

灯光开关可以装在仪表板上(大众车系)，也可以装在转向柱上(通用车系)，如图 6-13 所示。

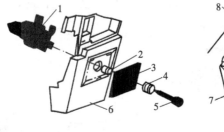

(a) 安装在仪表板上的灯光开关　　(b) 安装在转向柱上的灯光开关

1—灯光开关；2—衬套；3—面板；4—定位件；5—拉杆；6—仪表板；7—灯光组合开关；8—远光指示灯

图 6-13　灯光开关的安装位置

灯光开关的结构原理如图 6-14 所示。

变光开关大多数安装在转向柱上，串接在前照灯电路中，如图 6-15 所示。当灯光开关打到 HEAD 挡时，驾驶员可通过变光开关控制前照灯的远光和近光。

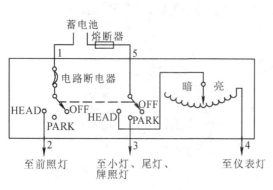

图 6-14　灯光开关的结构原理

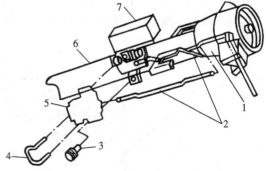

1—转向柱护罩；2—手柄连动杆；3—固定螺钉；
4—调节销；5—变光开关；6—转向柱；7—点火开关

图 6-15　变光开关的安装

2. 前照灯电路

前照灯电路由灯光开关、变光开关、远光指示灯和前照灯等组成。前照灯电路如图 6-16 和图 6-17 所示。

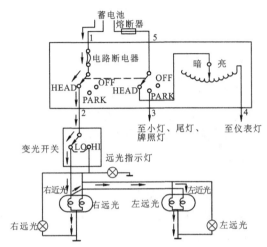

图 6-16　前照灯电路——变光开关在 LO(近光)挡

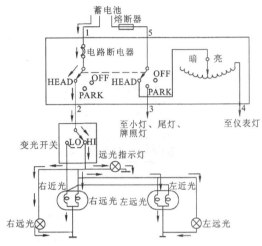

图 6-17　前照灯电路——变光开关在 HI(远光)挡

(六) 前照灯的检测与调整

1. 前照灯的检查

前照灯在使用过程中，会因灯泡老化、反射镜变暗、照射位置不正而使前照灯的发光强度不足或照射位置不正确，从而影响汽车行驶速度和行车安全，因此必须对前照灯进行检测和调整。前照灯的发光强度是指光源在给定方向上所能发出的光线强度(单位为坎，符号为 cd)。国家标准对汽车前照灯远光光束的发光强度有明确的要求，具体标准见表 6-2。

表 6-2　前照灯远光光束发光强度要求　　　　　　　　　cd

车辆类型	新注册机动车		在用机动车	
	两灯制	四灯制	两灯制	四灯制
汽车、无轨电车	15 000	12 000	12 000	10 000
四轮农用运输车	10 000	10 000	8000	6000

2. 前照灯的使用与调整

1) 前照灯的使用注意事项

(1) 前照灯在使用时要注意密封，防止水分及灰尘进入。

(2) 光学组件要配套使用，不要随意更换不同功率的灯泡及其他光学组件。

(3) 前照灯在车上要安装牢固。

2) 前照灯的故障现象及排除

(1) 前照灯不亮：原因有熔丝烧断、变光开关有故障、前照灯搭铁不良等。

排除方法：若熔丝烧断或变光开关有故障，应更换；若搭铁不良，应酌情修理。

(2) 只有远光灯亮或只有近光灯亮：原因有熔丝烧断、变光开关有故障。

排除方法：更换熔丝或变光开关。

3) 前照灯的调整

前照灯在使用过程中，光轴方向偏斜(或更换新前照灯总成)时，应进行调整。

调整部位一般分外侧调整式和内侧调整式两种，如图6-18所示。

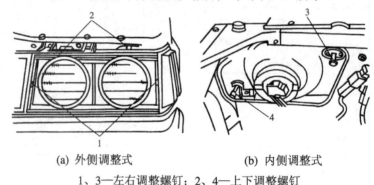

(a) 外侧调整式   (b) 内侧调整式

1、3—左右调整螺钉；2、4—上下调整螺钉

图6-18　前照灯的调整部位

3. 前照灯电子控制装置

为了提高汽车夜间行驶的速度，确保行车安全，不少新型车辆都采用电子控制装置，对前照灯进行自动控制。根据所要实现的控制功能，其电子装置有前照灯会车自动变光器、前照灯昏暗自动发光器、前照灯关闭自动延时器等。

无论哪一种汽车灯光电子控制系统，其基本结构大致相同，通常由光敏器件、电子控制电器、电磁继电器(执行机构)和前照灯等组成。

4. 光纤照明装置

光纤照明装置是一种远距离传输光线的装置，它以普通车用灯泡为光源，让光线通过光导纤维传到末端，发生微光，照亮一定范围。在只需要微弱光线且不便安装灯泡的地方如仪表表面、烟灰盒、门锁孔等处，往往采用光纤照明。光纤照明装置由光导纤维和照明灯组成。

任务2　转向信号系统的结构原理与检修

为了指示车辆的行驶方向，汽车上都装有转向信号灯。汽车转向信号系统装于汽车前后或侧面，其灯光信号采用闪烁的方式，用来指示车辆左转或右转，以引起其他车辆或行人的注意，提高行车安全性。我国交通法规中规定汽车在行驶中，如遇危险情况，可使前、后、左、右四个转向灯同时闪烁，作为危险报警信号，请求其他车辆避让。

一、转向信号灯电路的组成

转向信号灯电路主要由转向信号灯、闪光器、转向灯开关等组成。转向信号灯是由闪光器控制的，常见的闪光器有热丝式、电容式、翼片式和电子式等。

热丝式闪光器结构简单、成本低，但闪光频率不够稳定、使用寿命短、信号明暗不明显，现已被淘汰；电容式和翼片式闪光器闪光频率较为稳定，翼片式闪光器还具有结构简单、体积小、工作时伴有响声可起监控等特点；电子式闪光器具有性能稳定和工作可靠的特点，目前已被广泛应用。

1. 电容式闪光器

电容式闪光器主要由一个继电器和一个电容器组成，其利用电容器充、放电延时特性，使继电器的两个线圈产生的电磁力时而相加，时而相减，使触点周期性地打开或关闭，形成转向信号灯闪烁。

如图 6-19 所示，电容式闪光器的工作原理如下：

当转向灯开关 7 打到左侧时，串联线圈 3 有电流通过，电流方向为：蓄电池正极→串联线圈 3→触点 2→转向灯开关 7→左转向信号灯 11 及左转向指示灯 10→搭铁→蓄电池负极，形成回路。此时，并联线圈 4 和电容器 5 被触点 2 短路，而串联线圈 3 产生的电磁力大于弹簧片 1 的弹力使触点 2 张开，因此左转向信号灯 11 处于暗的状态。

触点 2 打开后，蓄电池经串联线圈 3、并联线圈 4 及左转向信号灯 11 向电容器 5 充电，其充电电流方向为：蓄电池正极→串联线圈 3→并联线圈 4→电容器 5→转向灯开关 7→左转向信号灯 11 及左转向指示灯 10→搭铁→蓄电池负极，形成回路。由于并联线圈 4 的电阻值较大，电路电流很小，故右转向灯信号仍处于暗的状态。同时由于充电电流通过串联线圈 3、并联线圈 4 所产生的电磁力的方向相同，触点 2 仍保持打开。随着电容器 5 的充电，电容器 5 两端电压升高，其充电电流逐渐减小，两线圈的电磁力也减小，于是触点 2 又重新闭合。

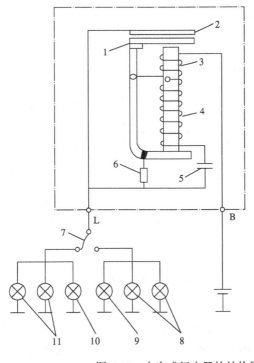

1—弹簧片；
2—触点；
3—串联线圈；
4—并联线圈；
5—电容器；
6—灭弧电阻；
7—转向灯开关；
8—右转向信号灯；
9—右转向指示灯；
10—左转向指示灯；
11—左转向信号灯

图 6-19　电容式闪光器的结构原理

触点 2 闭合后，通过左转向信号灯 11 的电流增大，左转向信号灯 11 及左转向指示灯 10 变亮，左转向信号灯 11 电路中电流方向为：蓄电池正极→串联线圈 3→触点 2→转向灯开关 7→左转向信号灯 11 及左转向指示灯 10→搭铁→蓄电池负极，形成回路。与此同时，电容器 5 通过并联线圈 4 和触点 2 放电，其放电电流通过并联线圈 4 所产生的磁场方向与串联线圈 3 的磁场方向相反，电磁力相互抵消，触点 2 继续闭合，左转向信号灯仍发亮。随着放电电流的逐渐减小，并联线圈 4 产生的磁场逐渐减弱。当两线圈的电磁力总和大于弹簧片的弹力时，触点张开，灯光又变暗，周而复始，触点不断地开闭，使左转向信号灯和左转向指示灯发出闪光。灭弧电阻 6 与触点 2 并联，用来减小触点火花。

2. 翼片式闪光器

翼片式闪光器是利用电流的热效应，使热胀条通电时热胀、断电时冷缩，通过翼片产生变形动作来控制触点的开闭。根据热胀条受热情况的不同，翼片式闪光器可分为直热式和旁热式两种。

1) 直热翼片式闪光器

如图 6-20 所示，接通转向灯开关 7 时，转向信号灯 9 通电，其通路为：蓄电池正极→闪光器接线柱 B→翼片 2→热胀条 3→动触点 4、静触点 5→闪光器接线柱 L→转向灯开关 7→转向信号灯 9 和转向指示灯 8→搭铁→蓄电池负极，转向信号灯 9 变亮。这时，热胀条 3 因通电受热而伸长，当热胀条 3 伸长至一定长度时，翼片 2 突然绷直，使触点断开，转向信号灯电流被切断，于是转向信号灯 9 熄灭；触点断开时，热胀条 3 由于断电而逐渐冷却收缩，最终使翼片 2 弯曲成弓形，触点闭合，接通转向信号灯电路，转向信号灯 9 变亮。如此交替变化，使转向信号灯 9 闪烁。

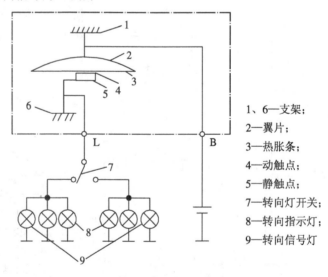

1、6—支架；
2—翼片；
3—热胀条；
4—动触点；
5—静触点；
7—转向灯开关；
8—转向指示灯；
9—转向信号灯

图 6-20　直热翼片式闪光器的结构原理

2) 旁热翼片式闪光器

如图 6-21 所示，与直热翼片式闪光器不同的是，旁热翼片式闪光器的热胀条 1 由绕在其上的电热丝 2 通电后产生的热量加热。电热丝 2 的一端焊在热胀条 1 上，另一端则与静触点 5 相连。接通转向灯开关 8 时，转向信号灯电路的电流方向为：蓄电池正极→

闪光器接线柱 B→电热丝 2→闪光器接线柱 L→转向灯开关 8→转向信号灯 9→搭铁→蓄电池负极。由于电热丝 2 的电阻较大，电路中的电流较小，故转向信号灯 9 是暗的。电热丝 2 通电产生的热量使热胀条 1 受热伸长，翼片 6 在自身弹力的作用下伸直而使常开触点闭合。这时转向信号灯电路的电流方向为：蓄电池正极→闪光器接线柱 B→翼片 6→动触点 4、静触点 5→闪光器接线柱 L→转向灯开关 8→转向信号灯 9→搭铁→蓄电池负极。电热丝 2 被触点短路，电流增大，转向信号灯变亮。同时，由于电热丝 2 被短路，热胀条 1 逐渐冷却收缩，拉紧翼片 6，使触点再次打开，转向信号灯变暗。如此交替变化，使转向信号灯 9 闪烁。

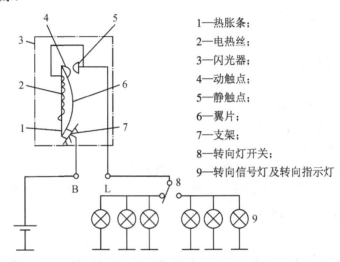

1—热胀条；
2—电热丝；
3—闪光器；
4—动触点；
5—静触点；
6—翼片；
7—支架；
8—转向灯开关；
9—转向信号灯及转向指示灯

图 6-21　旁热翼片式闪光器的结构原理

3. 危险报警信号电路

如图 6-22 所示，危险报警信号电路一般由左、右转向灯，闪光器，危险报警开关等组成。当危险报警开关闭合时，左、右转向灯同时闪烁。当危险报警开关闭合时，其电路中电流方向为：蓄电池正极→危险报警开关 3→闪光器 2→危险报警开关 3→转向信号灯及转向指示灯 5→搭铁。此时，转向信号灯及仪表板上的转向指示灯同时闪烁。

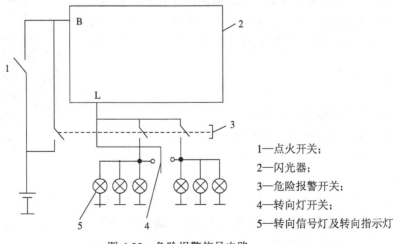

1—点火开关；
2—闪光器；
3—危险报警开关；
4—转向灯开关；
5—转向信号灯及转向指示灯

图 6-22　危险报警信号电路

二、转向信号灯电路的常见故障

1. 转向灯开关打到左侧或右侧时，转向指示灯闪烁比正常情况快

1) 故障原因

该转向灯灯泡烧坏，或转向灯接线、搭铁不良。

2) 排除方法

若灯泡烧坏时，更换灯泡；若接线、搭铁不良时，应酌情处理。

2. 左、右转向灯均不亮

1) 故障原因

熔丝烧断，闪光器损坏，转向灯开关出现故障，线路有断路。

2) 排除方法

(1) 检查熔丝，断了则更换。

(2) 检查闪光器，将闪光器的两个接线柱 B、L 短接，打开转向灯开关，转向信号灯若亮，则说明闪光器损坏，需要更换。

(3) 若以上正常，则检查转向灯开关及其接线，应酌情修理或更换。

左、右转向灯均不亮，除以上排除方法外，还可以先打开危险报警开关。若左、右转向灯仍不亮，则说明闪光器有故障。

任务3　制动与倒车信号系统的结构原理

制动信号灯是与汽车制动系统同步工作的，它通常由制动信号灯开关控制。制动信号灯安装在汽车的尾部，当汽车制动时，红色信号灯亮，给尾随其后的车辆发出制动信号，以避免造成追尾事故。目前在一些发达国家，还规定了轿车必须安装高位制动信号灯，它装在后窗中心线、靠近窗底部附近。这样当前后两辆车靠得太近时，后面汽车驾驶员就能从高位制动信号灯的工作情况，判断前面汽车的行驶状况。安装高位制动信号灯对于防止发生追尾事故，有相当好的效果。

一、制动信号

1. 制动信号装置的组成及分类

制动信号装置主要由制动信号灯和制动信号灯开关组成。制动信号灯由制动信号开关控制。常见的制动信号灯开关有以下几种。

(1) 液压式制动信号灯开关：用于采用液压制动系统的汽车上，通常被安装在液压制动主缸的前端，或制动管路中。如图 6-23 所示，当踩下制动踏板时，由于制动系统的压力增

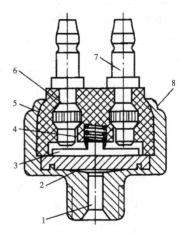

1—通制动液；2—膜片；3—接触桥；
4—回位弹簧；5—胶木底座；
6、7—接线柱；8—壳体

图 6-23　液压式制动信号灯开关

大，膜片 2 向上弯曲，接触桥 3 同时接通接线柱 6 和接线柱 7，使制动信号灯通电发亮；当松开制动踏板时，制动系统压力降低，接触桥 3 在回位弹簧 4 的作用下复位，制动信号灯电路被切断。

（2）气压式制动信号灯开关：用于采用气压制动系统的汽车上，通常被安装在制动系统的气压管路上。如图 6-24 所示，制动时，制动压缩空气推动橡胶膜片向上弯曲，使触点闭合，接通制动信号灯电路。

（3）弹簧式制动信号灯开关：是一种较为常用的制动开关，通常被安装在制动踏板的后面。如图 6-25 所示，当踏下制动踏板时，开关闭合，制动信号灯亮。

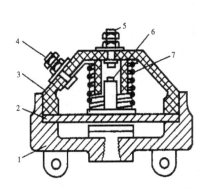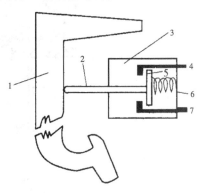

1—壳体；2—膜片；3—胶木盖；4、5—接线柱；　　　1—制动踏板；2—推杆；3—制动信号灯开关；
6—触点；7—弹簧　　　　　　　　　　　　　　　　4、7—接线柱；5—接触桥；6—回位弹簧

图 6-24　气压式制动信号灯开关　　　　　　　　图 6-25　弹簧式制动信号灯开关

2. 制动信号灯电路

制动信号灯电路一般不受点火开关控制，直接由电源、熔丝、制动信号灯开关组成。制动信号灯电路根据尾灯的组合形式分为三灯组合式尾灯和双灯尾灯。

在三灯组合式尾灯中采用单丝灯泡，每个灯泡只有一个功能，随着功能的增加，尾灯灯泡的数量还要增加，如图 6-26 所示。在双丝灯泡中，大功率的灯丝既用于制动信号灯，也用于转向信号灯。

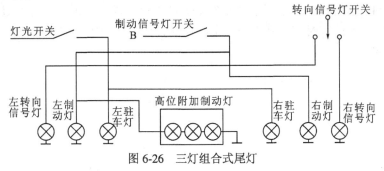

图 6-26　三灯组合式尾灯

二、倒车信号装置

1. 倒车灯开关

如图 6-27 所示，倒车灯开关一般安装在变速器上，钢球 8 平时被倒车挡叉轴顶起，而

当变速杆拨至倒车挡时，倒车挡叉轴上的凹槽对准钢球 8，钢球 8 被松开，在弹簧 4 的作用下，触点 5 闭合，将倒车信号电路接通。

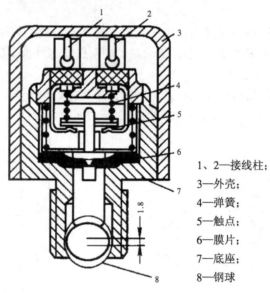

1、2—接线柱；

3—外壳；

4—弹簧；

5—触点；

6—膜片；

7—底座；

8—钢球

图 6-27　倒车灯开关的结构

2. 倒车信号装置的工作原理

如图 6-28 所示，倒车时，安装在变速器上的倒车灯开关 2 闭合，倒车灯 3 亮；同时，电流经继电器 7 中的触点 4 到蜂鸣器 5，使蜂鸣器 5 发出响声。此时，线圈 L_1 和 L_2 中均有电流通过，流经 L_2 的电流同时向电容器 6 充电，由于流入 L_1 和 L_2 的电流大小相等，方向相反，产生的磁通量互相抵消，故触点 4 继续闭合。随着电容器 6 两端电压逐渐升高，L_2 中的电流逐渐减小，当 L_1 中的磁通量大于 L_2 中磁通量一定值时，磁吸力大于弹簧弹力，触点 4 打开，蜂鸣器 5 停止发响。触点 4 打开后，电容器 6 经 L_1 和 L_2 放电，使 L_1 和 L_2 中的电流方向相同，电磁力方向相同，触点 4 继续打开；当电容器两端的电压下降到一定值时，磁吸力小于弹簧弹力，触点 4 又重新闭合，蜂鸣器 5 又发响。电容器 6 又开始充电，重复上述过程。如此可知，蜂鸣器 5 是利用电容器 6 的充电和放电，使 L_1 和 L_2 的磁场时而相加、时而相减，触点 4 时开时闭，从而控制电磁振动式蜂鸣器间歇发声，以警告行人和其他车辆的驾驶员注意。

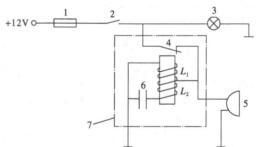

1—熔断器；2—倒车灯开关；3—倒车灯；4—触点；5—蜂鸣器；6—电容器；7—继电器

图 6-28　倒车信号灯电路

任务4　电喇叭的结构原理与检调

一、电喇叭的结构与原理

盆形电喇叭的结构如图6-29所示。其工作原理如下：

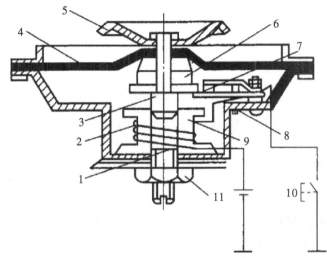

1—下铁心；2—线圈；3—上铁心；4—膜片；5—共鸣板；6—衔铁；
7—触点；8—调整螺钉；9—电磁铁心；10—电喇叭按钮；11—锁紧螺母

图6-29　盆形电喇叭的结构图

按下电喇叭按钮10，电喇叭内部电路接通，电路中电流方向为：蓄电池正极→线圈2→触点7→电喇叭按钮10→搭铁→蓄电池负极。线圈2通电后产生电磁力，吸动上铁心3及衔铁6下移，使膜片向下弯曲。衔铁6下移将触点7顶开，线圈2电路被切断，其电磁力消失，上铁心3、衔铁6及膜片4又在触点臂和膜片4自身弹力的作用下复位，触点7闭合。触点7闭合后，线圈2通电产生电磁力吸引上铁心3和衔铁6下移，再次将触点7顶开。如此循环，使上铁心3与下铁心1不断碰撞，产生一个较低的基本频率，并激励膜片4与共鸣板5产生共鸣，从而发出比基本频率强且分布比较集中的谐音。

二、电喇叭的应用电路

为了得到较为和谐悦耳的声音，在汽车上一般装有高、低音两个电喇叭。由于电喇叭工作电流较大，为保护电喇叭按钮，一般在电喇叭电路中设有电喇叭继电器。如图6-30所示，当按下电喇叭按钮3时，线圈2通电，产生的电磁力使触点5闭合，接通电喇叭电路而使电喇叭发声。电喇叭电路为：蓄电池正极→熔丝→接线柱B→触点臂1→触点5→接线柱H→电喇叭→搭铁→蓄电池负极。电喇叭工作电流不经电喇叭按钮，从而保护了电喇叭按钮。

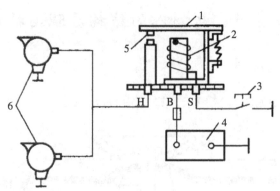

1—触点臂；2—线圈；3—电喇叭按钮；4—蓄电池；
5—触点；6—电喇叭

图 6-30　电喇叭的应用电路

三、电喇叭的调整

1. 音调调整

电喇叭音调的高低取决于膜片的振动频率。盆形电喇叭通过改变上、下铁心之间的间隙就可改变膜片的振动频率。将上、下铁心之间间隙调小，可提高电喇叭的音调。调整方法：如图 6-31 所示，松开锁紧螺母，旋转铁心，调至合适的音调时，旋紧锁紧螺母即可。

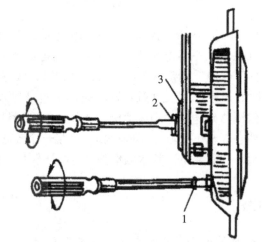

1—音量调整螺钉；2—音调调整螺钉；3—锁紧螺母

图 6-31　盆形电喇叭的调整

2. 音量调整

电喇叭的音量与通过电喇叭线圈的电流的大小有关，电喇叭的工作电流大，电喇叭发出的音量也就大。电喇叭线圈电流可以通过改变电喇叭触点的接触压力来调整。压力增大，流过电喇叭线圈的电流增大，电喇叭音量增大，反之音量减小。调整时不要过急，每次调整 1/10 圈。

四、电喇叭的故障与排除

1．电喇叭音量小

1）故障原因

电喇叭触点烧蚀，电喇叭搭铁不良。

2）排除方法

若电喇叭触点烧蚀，应更换电喇叭；若搭铁不良，应视情处理。对于螺旋(蜗牛)形电喇叭，使用中不要进水，安装时注意方向，开口朝下。

2．电喇叭不响

1）故障原因

熔丝断、继电器或电喇叭按钮有故障。

2）排除方法

先检查熔丝、电喇叭搭铁情况及线路连接，以上情况都正常时进行下列检查。

(1) 将继电器上的"S"接线柱直接搭铁，若电喇叭响，则说明电喇叭按钮有故障，可能是电喇叭按钮搭铁不良，需处理；若电喇叭仍不响，则进行下一步。

(2) 将继电器上的"B"与"H"接线柱短接，若电喇叭响，则说明继电器有故障，应更换继电器；若仍不响，可能是继电器到电喇叭之间的线路有故障。

【拓展知识】

前照灯新技术

一、随动转向大灯(AFS)

随动转向大灯也被称为自适应大灯或车灯主动转向系统(Adaptive Frontlighting System，AFS)。普通大灯具有固定的照射范围，当夜间汽车在弯道上转弯时，由于无法调节照明角度，常常会在弯道内侧出现"盲区"，极大地威胁了驾驶员夜间的安全驾车。而随动转向大灯能够根据行车速度、转向角度等自动调节大灯的偏转，提前照亮"未到达"的区域，提供全方位的安全照明，以确保驾驶员在任何时刻都拥有最佳的可见度。随动转向大灯带有大灯照明高度动态调节和大灯清洗系统。最初只有宝马 5451、33D1 等高档车型上装有这种先进的汽车照明装备，现在，东风雪铁龙的凯旋、广州丰田的凯美瑞和东风日产的新天籁等几款中高档车上也装有随动转向大灯。

二、氙气大灯

氙气大灯(High Intensity Discharge，HID)是由飞利浦公司花费 5 年时间研制的一种气体放电大灯，最早应用在工业建筑的照明上，而后发展为供给汽车用的氙气大灯。海拉(HBLLA)、飞利浦(PHILIPS)、欧司朗(OSRAM)、博士(BOSCH)为目前欧洲的 4 大氙气灯制造厂家，也是全球知名的氙灯品牌，国内中型轿车中，厂家原配的氙灯也多由这 4 家代工生产。

与平时的卤素灯相比，氙灯具有以下优点：

(1) 高亮度。同功率的氙灯产生的光照流明度为卤素灯的 3 倍。

(2) 长寿命。利用气体电离发功的氙灯寿命为卤素灯的 6 倍以上。

(3) 低功耗。同亮度的氙灯比卤素灯的功耗小 50%。

(4) 高色温。氙灯最高能到 12 000 K 的色温，远远超过卤素灯的 3000 K，接近日光的 6000 K 是人眼看起来最舒服的频段，也是使用率最高最为常见的一类。

早些年时，氙灯属于高级配置，只有在进口的奔驰、宝马等高端车型上才会有，近几年，随其成本的下降和国内汽车数量的提升，氙灯逐渐成为热门配置，基本上国内的中型车甚至紧凑型车都已装备。

思 考 与 练 习

一、填空题

1. 汽车前照灯由_____、_____、_____三部分组成。

2. 汽车前照灯可分为_____式前照灯、_____式前照灯、_____式前照灯、_____式前照灯及氙灯。

3. 变光开关可根据需要切换_____光和_____光。

4. _____灯安装在车辆尾部，通知后面车辆该车正在制动，以避免后面车辆其后部相撞。

二、选择题

1. 前照灯的反射镜应制成(　　)。

A. 旋转抛物面状　　　B. 椭圆状　　　　C. 双曲线状　　　　D. 圆状

2. 采用双丝灯泡的前照灯，其远光灯丝功率较大，位于反射镜的(　　)。

A. 焦点上　　　　　　B. 圆心上　　　　C. 镜面上

3. 用屏幕检验法检测前照灯的光束位置时，应将汽车停在距屏幕处(　　)的水平地面上，并且按规定充足轮胎气压，从车上卸下所有负载(只允许一名驾驶员乘坐)。

A. 10 m　　　　　　　B. 15 m　　　　　C. 5 m　　　　　　D. 20 m

4. 采用双丝灯泡的前照灯，其近光灯丝功率较小，位于反射镜的(　　)。

A. 上方或前方　　　　B. 圆心上　　　　C. 镜面上

5. 设置有遮光罩的双丝灯泡，遮光罩应位于近光灯丝的(　　)。

A. 上方或前方　　　　B. 下方　　　　　C. 任意位置

6. 投射式前照灯的反射镜具有(　　)焦点。

A. 两个　　　　　　　B. 一个　　　　　C. 三个

7. 前照灯的变光开关应(　　)在灯光开关与前照灯之间。

A. 串联　　　　　　　B. 并联　　　　　C. 任意

8. 四灯制前照灯的内侧两灯一般使用(　　)。

A. 双丝灯泡　　　　　B. 单丝灯泡　　　C. 两者均可

9. 在调整光束位置时，对具有双丝灯泡的前照灯，甲认为以调整近光光束为主，乙认为以调整远光光束为主。你认为(　　)。

A. 甲对　　　　　B. 乙对　　　　　C. 甲、乙都对　　　　　D. 甲、乙都不对

三、判断题

1. 配光屏在接通远光灯丝时，仍然起作用。　　　　　　　　　　　　(　　)
2. 前照灯由反射镜、配光屏和灯泡三部分组成。　　　　　　　　　　(　　)
3. 汽车信号系统的主要信号设备有位灯、转向信号灯、后灯、制动灯和倒车灯。

　　　　　　　　　　　　　　　　　　　　　　　　　　　　　　(　　)
4. 前照灯检验的技术指标为光束照射位置、发光强度和配光特性。　　(　　)
5. 在调整光束位置时，对具有双丝灯泡的前照灯，应该以调整近光光束为主。(　　)
6. 氙灯由石英灯泡、变压器和电子控制器组成，没有传统的钨丝。　　(　　)
7. 电热式闪光器安装在转向开关和灯泡之间，用以控制灯泡的闪光频率。(　　)
8. 更换卤素灯泡时，可以用手触摸灯泡部位。　　　　　　　　　　　(　　)
9. 反射镜的作用是最大限度地将灯泡发出的光线聚合成强光束，以增加照射距离。

　　　　　　　　　　　　　　　　　　　　　　　　　　　　　　(　　)
10. 封闭式前照灯没有分开的灯泡，其整个总成本身就是一个灯泡。　(　　)
11. 半封闭式前照灯内部灯泡可以单独更换。　　　　　　　　　　　　(　　)
12. 高亮度弧光灯的灯泡里没有灯丝。　　　　　　　　　　　　　　　(　　)

四、简答题

1. 前照灯的防眩目措施有哪些？
2. 前照灯由哪几部分组成？前照灯的电路由哪几部分组成？
3. 简述前照灯检测的技术标准和要求。

项目七　仪表与报警系统的故障检修

【知识目标】

(1) 掌握汽车仪表与报警系统的基本组成及工作原理。

(2) 掌握汽车仪表与报警系统电路的故障检修方法。

【技能目标】

(1) 能正确理解仪表与报警系统所指示信息的意义。

(2) 能正确对汽车仪表与报警系统的工作状况进行检查，并能针对具体问题进行原因分析。

(3) 能对仪表与报警系统故障进行诊断及排除。

任务1　汽车仪表系统的结构原理

汽车仪表安装在驾驶员座位前方的仪表板上，便于驾驶员掌握车辆各种状况，使其及时发现和排除潜在的故障。汽车仪表包括各种仪表、计量表、报警灯和警示灯等，这些仪表除应具有结构简单、工作可靠、耐震、抗冲击性好等优点外，仪表的显示数字还必须准确，在电源电压波动时所引起的变化应尽可能小，而且不随周围温度的变化而改变。

现代汽车大多采用各种组合仪表。组合仪表将车速里程表、冷却液温度表、燃油表、机油压力表、发动机转速表等不同的仪表表芯、指示灯和报警灯等安装在同一外壳内组合而成，具有结构紧凑、体积小、便于安装和组合接线等特点，可实现仪表的多功能要求。组合仪表中的仪表及各种指示灯、报警灯和仪表灯的灯泡从组合仪表总成外部可单独更换。

图7-1所示为大众轿车用组合仪表，仪表板上有燃油表、冷却液温度表、车速里程表、发动机转速表，以及发动机冷却液温度过高、机油压力不足、制动系统等报警灯和转向、充电、远光等指示灯。

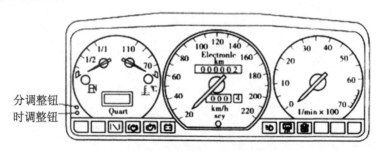

图7-1　大众轿车用组合仪表

一、机油压力表

机油压力表是监控发动机机油道内机油压力的装置。机油压力是决定发动机能否运转的重要因素，发动机机油压力偏低会造成发动机大小瓦烧毁，严重缺油会使发动机出现过热和气缸拉毛等故障。目前进口汽车基本上已取消机油压力表而用机油报警灯代替，大多数国产汽车还同时装有机油压力表和机油报警灯。

如图7-2所示为电热式机油压力表。其结构特点是膜片2的下端与主油道相通，一定压力的机油作用在膜片2上使膜片变形向上凸起，膜片上方装有弹簧片14，弹簧片14的一端与搭铁相固定，另一端为触点，触点与双金属片4上绕的热电阻触点相接，热电阻与接触片7相通。压力表的双金属片11压动压力表指针12，双金属片11的伸张和收缩的变形程度使表针摆动幅度有大有小。双金属片11的温度决定了指针12的摆动位置的大小，而双金属片11的通电时间又取决于触点的接触时间，触点的接触时间取决于触点3所处的位置。

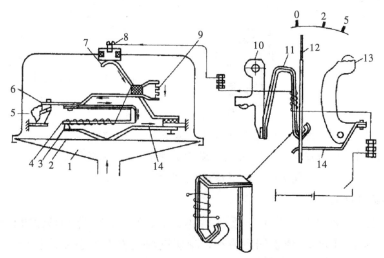

1—油腔；2—膜片；3—触点；4、11—双金属片；5—调节齿轮；6—悬臂铜片支架；
7—接触片；8—接线柱；9—电阻；10、13—调节扇齿；12—指针；14—弹簧片

图7-2 电热式机油压力表

当油道系统压力偏高时，膜片被挤压凸起，触点3升高，双金属片4的热绕组必须加热时间较长才能使双金属片变形大，触点3才能分离；反之，机油压力小，膜片变形小，触点3易分离，双金属片的绕组加热时间短。触点3不断跳动着，机油压力表的指针就随机油油路内的压力变化而变化。大型汽车上(如国产解放等车型)仍采用电热式机油压力表系统。由于该系统是机械和双金属片控制仪表，受地球重力和温度影响很大，为了保证仪表的灵敏度，在安装压力传感器时，传感器外壳上的"↑"箭头符号必须朝上，误差不能大于30°。

二、冷却液温度表及温控开关

发动机冷却系统有一套控制机构使发动机快速升温和温度保持在一定工作范围内，并

用冷却液温度表指示冷却液温度的高低。

1．冷却液温度表

1）电热式冷却液温度表

电热式冷却液温度表如图 7-3 所示。当发动机温度高时，通过双金属片 4 上热绕组通电时间长，双金属片的变形大，双金属片 9 勾动指针 10 的位移大，指针表示的温度高；反之，指针表示的温度低。

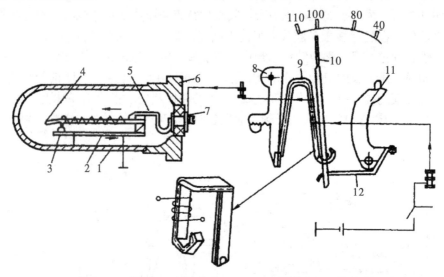

1—铜壳；2—底板；3—固定触点；4、9—双金属片；5—接触片；

6—壳；7—接线柱；8、11—调整齿扇；10—指针；12—弹簧片

图 7-3　电热式冷却液温度表

2）电磁式冷却液温度表

有铁心式电磁式冷却液温度表的工作原理：如图 7-4 所示，当冷却液温度低时，热敏电阻的电阻值高，电流通过 L_2 绕组的电流小，冷却液温度表上的小磁片和指针偏转在 40℃左右；当热敏电阻处于温度较高的环境时，其电阻值变小，通过 L_2 线圈的电流变大，L_2 产生的磁场强度也变大，L_1 和 L_2 的综合磁场使小磁片和指针向温度高的方向偏转。

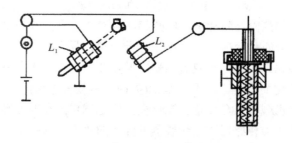

图 7-4　有铁心式电磁式冷却液温度表

无铁心式电磁式冷却液温度表的工作原理：如图 7-5 所示，当热敏电阻处于温度很高的环境时，其电阻值变小，流经传感器的电流变大，而相应流经 L_2 线圈的电流变小，L_2 产生的磁场强度也变小，在综合磁场的作用下小磁片和指针指向高温度标格。

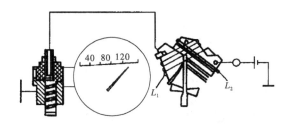

图 7-5 无铁心式电磁式冷却液温度表

2．温控开关

温控开关的工作过程：如图 7-6 所示，活动触点臂由温度膨胀系数不同的两金属片连接而成，金属片 2 的膨胀系数大于金属片 3 的膨胀系数，当温控开关所在环境温度升高时，活动触点臂就向右边弯曲，当温度达到一定值时两触点接触，A、B 接线柱接通；反之，当温度下降时，两触点分离。

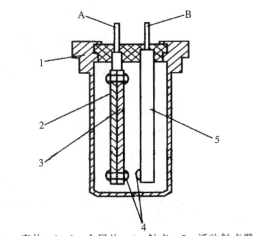

1—壳体；2、3—金属片；4—触点；5—活动触点臂

图 7-6 温控开关

三、燃油表

燃油表是指示油箱存油多少的仪表，有铁心电磁式燃油表和电热式燃油表两种，它们的工作原理和冷却液温度表的类似。

铁心式燃油表的工作原理：如图 7-7 所示，燃油表传感器为滑动变阻器，传感器上有浮子 15，由于燃油量的变化，浮子浮在油面上下移动，当油箱油满时滑动变阻器的电阻大，而油箱燃油快用完时，滑动变阻器的电阻变小，由于滑动变阻器电阻值的变化，作用在仪表中线圈上的电流大小也发生变化。

电热式燃油表的工作原理：如图 7-8 所示，电热式燃油表的浮子 3 随油箱燃油的变化而上下移动，当油箱油满时滑动变阻器的电阻值小，而油箱无油时滑动变阻器的电阻值大。滑动变阻器仪表中双金属片热绕线电阻串联，并由热稳压器供电。双金属片上绕组的通电电流决定双金属片的变形和指针的偏移量。当油满箱时，指针置为 1；当油箱处于空箱时，指针置为 0。

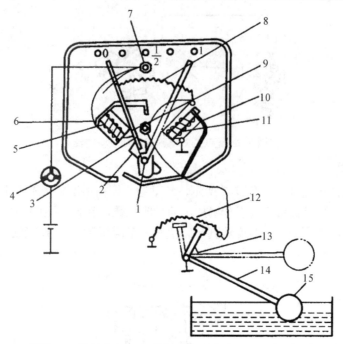

1—指针；2—指针支座；3—铁杆；4—电流表；5、11—磁场绕组；
6—铁心；7—中心；8—导线；9—仪表指针；10—接地；
12—滑动变阻器；13—滑动导体杆；14—浮子连杆；15—浮子

图 7-7　铁心式燃油表

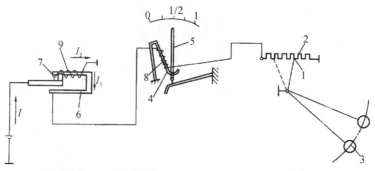

1—滑动导体；2—滑动变阻器；3—浮子；4—双金属片；5—指针；
6—稳压器铁心；7—传感器；8—金属片热绕线；9—磁场绕组

图 7-8　电热式燃油表

四、仪表稳压器

汽车中很多电气设备需要恒定的稳定电源，如各种仪表、安全气囊、ECU 等。将不稳定电源变成恒定稳压电源的设备叫稳压器。

如图 7-9 所示，仪表稳压器的工作原理：当电源电压高时，通过双金属片上的电热线圈 4 的电流较大，双金属片 5 受热而使触点 8 和 7 分离，电流断路，双金属片迅速冷却，触点闭合，这样触点不断地跳动避免了电压过高。如果稳压器输出电压高，可将调整螺钉 6 向下旋转；如果输出电压低，可将调整螺钉 6 向上旋转。

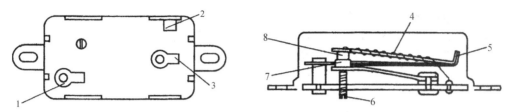

1、3、5—双金属片；2、7、8—触点；4—电热线圈；6—调整螺钉

图 7-9　仪表稳压器

五、车速里程表

1. 机械传动磁铁式车速里程表

机械传动磁铁式车速里程表如图 7-10 所示，它主要由 3 副蜗轮蜗杆机构构成，用于为转轴减速，汽车行驶的里程通过计数轮运转来表示。在转轴 12 的顶端装有磁铁，磁铁的外围罩有感应罩 2，感应罩 2 与指针轴 4 紧固，指针轴 4 的上端装有游丝 6 和指针 7。随着转轴 12 的转速变化，磁铁也随转轴的转动而转动。这样，感应罩 2 也随之旋转。由于游丝 6 的阻力，转轴和指针停止在相应的刻度上，即转轴转速越快，指针转移的角度越大，这就是车速里程表的原理。

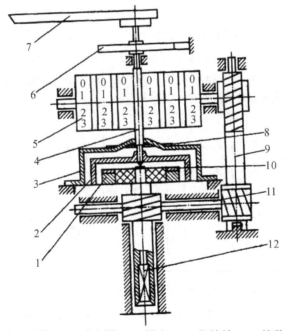

1—永久磁铁；2—感应罩；3—罩壳；4—指针轴；5—计数轮；
6—游丝；7—指针；8—盘型弹簧；9—蜗杆；10—磁屏；
11—磁力杆；12—转轴

图 7-10　机械传动磁铁式车速里程表

2. 电传动圈式车速里程表

电传动圈式车速里程表如图 7-11 所示，在汽车变速器的输出部分装有一个磁脉冲式传感器，传感器通过磁场的变化使传感器磁感应线圈产生脉冲电压信号，脉冲电压信号次数经中心处理器的运算、比较得出汽车行驶里程数显示在液晶屏上。这种设备控制精度高，科技含量大，目前还不能在所有汽车上推广。

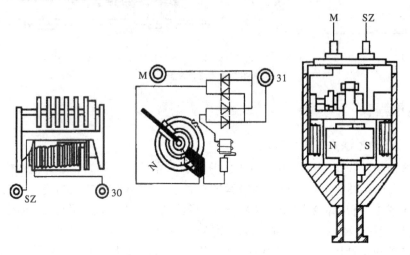

图 7-11　电传动圈式车速里程表

六、发动机转速表

桑塔纳 2000 型轿车发动机转速表电路如图 7-12 所示。转速表的信号取自点火线圈初级绕组上电流通断的脉冲信号，经脉冲整形电路 2 整形后经频率/电压变换器 3，使频率信号转换成直流电压信号，该电压随点火频率的升高而加大，电流再经直流毫安表显示出来，这就是点火信号变换成发动机转速信号的原理。

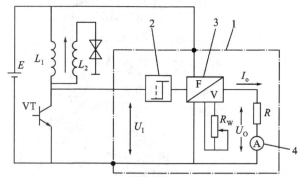

1—调压器；2—脉冲整形电路；3—频率/电压变换器；4—电流表

图 7-12　桑塔纳 2000 型轿车发动机转速表电路

任务2　汽车报警系统的结构原理

现代汽车为了保证行车安全和提高车辆的可靠性，安装了许多报警装置，通过一些指示灯及蜂鸣器辅助仪表一起工作，主要用来指示汽车的一些参数的极限工况或非正常工况。当冷却液温度过高、机油压力过低、发电机不充电、燃油液位过低、制动液面过低时，汽车报警系统会及时点亮安装在组合仪表上相应的指示灯发出报警信号，提醒驾驶员注意或停车维修。报警系统一般由传感器和安装在组合仪表上的报警指示灯组成。

一、温度指示灯

图 7-13(a)中，当冷却液温度升高到 90℃～95℃时，双金属片 1 向静触点 4 方向弯曲，使两触点相接触，红色警告灯亮。图 7-13(b)则是改进后的指示灯。双金属片开关组成一单刀双掷动作。当冷却液温度低于 60℃时，开关电路经绿色指示灯搭铁，绿色指示灯亮，向驾驶员提供发动机过冷的警告，使驾驶员不至于突然加速。随着冷却液温度的升高，双金属开关臂脱离"冷"和"热"触点之间的某一位置。当发动机冷却液温度超过 95℃时，双金属片向"热"触点闭合，红色指示灯亮，表示发动机过热。

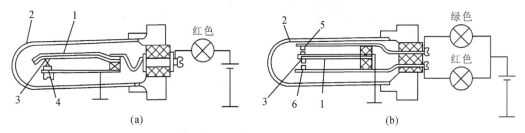

(a) 　　　　　　　　　　　　 (b)

1—双金属片；2—传感器套永久磁铁；3—动触头；4、6—静触点；5—上触点

图 7-13　温度指示灯

二、压力指示灯

如图 7-14 所示，压力指示灯的传感器为盒式，内有一管形弹簧，一端与接头相连，另一端与动触点相连，静触点与接线柱经接触片与接线柱相连。当机油压力低于 0.05～0.09 MPa 时，管形弹簧变形很小，触点闭合，警告灯电路接通，报警灯亮；当油压超过该值时，动触点和静触点分开，电路断开，警告灯熄灭。

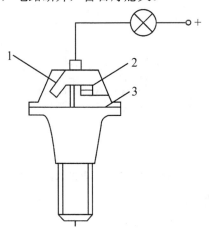

1—弹簧片；2—触点开关；3—薄膜

图 7-14　薄膜式机油压力指示灯

三、充电指示灯

充电指示灯反映蓄电池和发电机的工作状态，当蓄电池放电时，充电指示灯点亮。当发电机的电压达到正常充电电压时，该警告灯熄灭。如果正常行驶时，该警告灯亮，可以提醒驾驶员电源系统有故障。图 7-15 为电子式充电指示灯电路图。接通点火开关 S 后，当发电机不发电时，VT_1 截止，VT_2 导通，指示灯亮。当发电机电压达到正常时，发电机定子绕组中性点对地产生约 6 V 的直流电压，经 VD、R_1 使 VT_1 导通，VT_2 截止，指示灯灭，表示发电机正常发电。

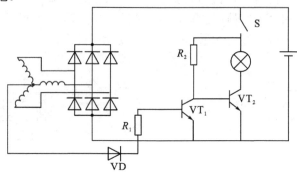

图 7-15　电子式充电指示灯电路

四、燃油低位指示灯

1. 热敏电阻式燃油低位指示灯

图 7-16 所示为热敏电阻式燃油低位指示灯。当燃油箱存量多时，热敏电阻元件浸在燃油中，散热快，其温度低，电阻值大，所以电路中电流很小，指示灯不亮。当燃油减少到规定值以下时，热敏电阻元件露出油面，散热慢，温度升高，电阻值减小，电路中电流增大，指示灯亮，以示警告。

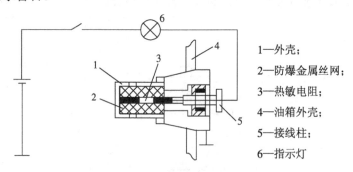

1—外壳；
2—防爆金属丝网；
3—热敏电阻；
4—油箱外壳；
5—接线柱；
6—指示灯

图 7-16　热敏电阻式燃油低位指示灯

2. 可控硅式燃油低位指示灯

图 7-17 所示为可控硅式燃油低位指示灯。每当燃油表的电压调节器输送一个脉冲时，在传感器的可变电阻上出现一个与燃油液位成比例的电压。燃油液位下降时，控制极上的脉冲振幅增大，R_1 用来调整可控硅的导通脉冲电平，使它与燃油表的任何读数相一致。当脉冲振幅达到导通电平时，可控硅导通，闪光灯点亮。随之，可控硅阳极电位迅速下降，

使可控硅截止，闪光灯电路断开(闪光灯熄灭)。之后，又接受由电压调节器的开闭送来的第二个脉冲。如此反复，一直到油箱内加进了燃油以后，控制极上的脉冲振幅减小，可控硅无法导通，才停止闪光。

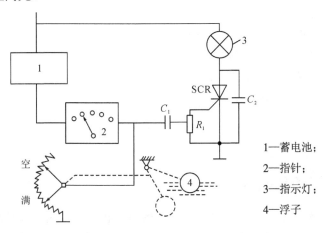

1—蓄电池；
2—指针；
3—指示灯；
4—浮子

图 7-17 可控硅式燃油低位指示灯

五、制动液液面指示灯

如图 7-18 所示，在制动液充足时，浮子的位置较高，此时永久磁铁高于舌簧开关的位置，舌簧开关处于断开状态，报警灯电路断开，报警灯不亮。当浮子随着液面下降到规定值以下时，永久磁铁接近舌簧开关，吸引舌簧开关使之闭合，接通报警灯电路，报警灯发光报警。

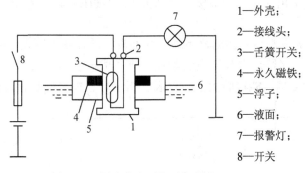

1—外壳；
2—接线头；
3—舌簧开关；
4—永久磁铁；
5—浮子；
6—液面；
7—报警灯；
8—开关

图 7-18 制动液液面指示灯电路

任务3 汽车仪表与报警系统的检修

【情境导入】

客户报修：

售后服务经理接到客户反映：汽车起动时，有些仪表不工作，有些警示灯常亮。经询问得知，车辆走合期结束后，行驶 1 万公里检修过一次且未及时维护。

故障原因分析：

(1) 仪表线路连接是否可靠。

(2) 仪表电源电路线路是否可靠。

(3) 仪表线路搭铁是否可靠。

(4) 汽车自诊断系统是否有故障码。

(5) 汽车电控系统是否有故障。

(6) 汽车传感器及线路是否有故障。

(7) 汽车本身是否油改汽。

【理论引导】

一、仪表与报警系统电路

当仪表不工作或工作不正常时，应对其线路、机械传动装置和传感器进行检查。线路的通断情况可用万用表或试灯进行检查；机械传动装置用常规的检查方法检查；传感器的检查相对复杂，故本部分的检查以传感器的检查为主。若线路、机械传动装置和传感器工作正常，而仪表不工作或工作不正常，则应更换仪表。

仪表与报警系统的一般电路如图7-19所示，其特点如下：

(1) 所有电器仪表都要由点火开关控制，点火开关的工作挡(ON)及起动挡(ST)与电源接通，附件专用挡(ACC)与电源断开。

(2) 汽车仪表采用双金属片电热丝结构，表头一般只有 2 根线；中间有一个磁性指针的，多为 3 条线引出，其中一条接点火开关 15 号线(IG 线)，另一条线搭铁，还有一条接传感器。

(3) 各仪表的表头与其传感器串联，燃油表、冷却液温度表一般还串有电源稳压器。

(4) 指示灯、报警灯常与仪表装配在一个总成或在附近布置，它们与仪表一起由点火开关控制。在 ON 挡，能检验大多数仪表、指示灯、报警灯是否良好。

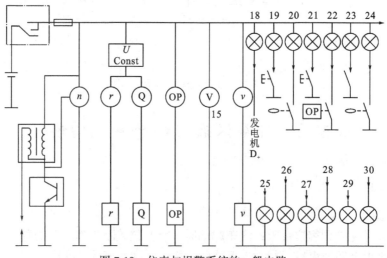

图 7-19 仪表与报警系统的一般电路

(5) 指示灯与报警灯按照电路接法可分为两种：一种是灯泡由点火开关(15 号线或 IG 线)供电，外接传感器开关，开关接通时，线路搭铁而构成通路，灯亮，如充电指示灯 18、停车制动指示灯 19、制动液液面指示灯 20、门未关报警灯 21、机油压力报警灯 22 和水位过低报警灯 24 等；另一种是指示灯接地，控制信号来自控制开关的正极端，如远光指示灯 25、转向指示灯 26(左)、27(右)，座椅安全带未系报警灯 28，防抱死制动指示灯 29，巡航控制指示灯 30 等。

二、常见故障诊断与分析

1. 冷却液温度表指针不动故障

1) 故障现象

发动机工作时冷却液温度表指针不动，反映不出发动机冷却液工作温度。

2) 故障原因

(1) 稳压器工作不正常。

(2) 冷却液温度表自身故障(如双金属片发热线圈断路或脱落)。

(3) 冷却液温度表传感器故障(如热敏电阻失效)。

(4) 线路故障。

3) 故障诊断

将冷却液温度表传感器的接线端子拔下，使该导线直接搭铁，打开点火开关，观察冷却液温度表的指针情况，如指针开始移动，则说明冷却液温度传感器有故障；如指针仍无指示，则说明仪表自身、稳压器有故障或线路有断路。如果冷却液温度表与燃油表同时出现故障，则稳压器或线路出现故障的可能性较大，应首先检查稳压器工作是否正常。在排除检查稳压器和线路故障之后即可断定故障发生在仪表自身。

2. 冷却液温度报警灯常亮故障

1) 故障现象

汽车在行驶过程中发动机无论冷态还是热态，冷却液温度报警灯常亮。

2) 故障原因

(1) 冷却液温度报警开关故障。

(2) 线路有搭铁故障。

(3) 储液罐中冷却液液面过低。

(4) 冷却液液面位置开关故障。

3) 故障诊断

首先检查冷却液温度是否真的过高，储液罐冷却液液面是否过低。这些若都正常，但报警灯常亮，可拔下储液罐液面位置开关插头。如果报警灯熄灭，则说明液位开关有故障；如果仍然亮，接好储液罐液面位置开关插头，拔下冷却液温度报警开关插头。如果报警灯熄灭，则说明冷却液温度报警开关有故障；若报警灯仍然亮，则说明报警灯线路有搭铁故障。

3. 燃油表指针总指向无油位置故障

1) 故障现象

无论油箱内燃油多少，燃油表指针总指向无油位置不动。

2) 故障原因

(1) 燃油表自身故障。

(2) 稳压器工作不正常。

(3) 线路有断路故障。

(4) 燃油表传感器故障或浮子机构被卡住。

3) 故障诊断

首先拔下燃油表传感器接线端子，使该导线直接搭铁，打开点火开关，观察燃油表指针情况。如果指针开始向满油刻度移动，则说明燃油表传感器有故障；如果指针仍无反应，则说明仪表自身、稳压器有故障或线路有断路，需进一步采用排除法进行诊断。

4. 机油压力报警灯常亮故障

1) 故障现象

汽车在行驶过程中，发动机机油压力报警灯常亮。

2) 故障原因

(1) 机油压力报警开关故障(有些车辆采用两个报警开关同时监控，如桑塔纳、捷达、奥迪轿车装有低压 30 kPa 报警开关和高压 180 kPa 报警开关)。

(2) 润滑油油压力达不到规定要求。

(3) 线路故障。

3) 故障诊断

以桑塔纳轿车发动机为例介绍机油压力报警灯常亮故障的诊断方法。

发动机机油压力报警灯受安装在发动机缸盖油道的低压报警开关(30 kPa 开关)和安装在机油滤清器附件的高压报警开关(180 kPa 开关)控制。发动机工作时，如果低压报警开关处的油压低于 30 kPa，则低压报警开关触点闭合，报警灯被点亮；当发动机转速超过 2000 r/min 时，如果高压报警开关处的油压低于 180 kPa，则高压报警开关的触点被断开，仪表板内的控制单元控制报警灯被点亮，同时蜂鸣器发出响声以示报警。当出现机油压力报警灯亮故障时，首先要区分是润滑系统故障还是报警系统自身故障，通常采用测量油压的方法进行诊断。

(1) 拆下低压开关(30 kPa 低压)，将其拧入检测仪。把检测仪拧到气缸盖上的机油低压开关处，并将检测仪的褐色导线接地。图 7-20 所示为低压与高压开关检测。

(2) 用辅助导线将二极管测试灯 V.A.G 1527 接到

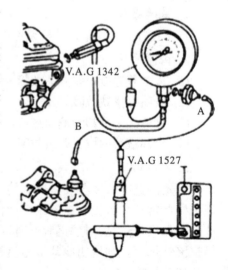

图 7-20　低压与高压开关检测

蓄电池正极及低压开关 A 上时，发光二极管被点亮；起动发动机，慢慢提高转速，当压力达到 15～45 kPa 时，发光二极管应熄灭，若不熄灭，则说明低压开关有故障。再令发动机怠速运转，机油压力应大于 45 kPa，发光二极管应熄灭。若压力低于 15 kPa，则说明润滑系统有故障。

(3) 线路故障。将二极管试灯连接到高压开关(180 kPa 开关)B 上，慢慢提高发动机转速，当机油压力达到 160～200 kPa 时，发光二极管应点亮，若不亮，则说明高压开关有故障。进一步提高发动机转速，当发动机转速超过 2000 r/min 时，机油压力应达到 200 kPa，若压力达不到，则说明润滑系统有故障。

【拓展知识】

汽车电子显示仪表系统构造

一、汽车电子显示仪表的特点

随着现代汽车电气设备的不断增加，电气系统也变得越来越复杂。特别是在汽车上大量应用电子控制技术后，常规指针式仪表已远远不能满足现代汽车技术发展的要求。因此，汽车电子显示仪表的使用比例正在逐年提高。

汽车电子显示仪表利用各种传感器传来的信号，并根据这些信号进行计算，以测量车辆的行驶速度、发动机转速、发动机冷却液温度、燃油量及车辆其他情况的数据，并将这些数据以数字或条形图形显示出来。

汽车电子显示仪表的特点如下：

(1) 汽车电子显示仪表能迅速、准确地处理各种复杂的信息，并以数字、文字或图形形式显示出来，供汽车驾驶员了解并及时处理。

(2) 汽车电子显示仪表能满足小型、轻量化的要求。为了能使有限的驾驶室空间尽可能地宽敞些，用于汽车的各种仪表及部件都必须小型化、轻量化。汽车电子显示仪表不仅能适应各种传感器或控制系统的电子化，而且能够实现小型轻薄化，这样既能加大汽车仪表台附近的空间利用率，还能处理日益增多的信息。

(3) 汽车电子显示仪表具有高精度和高可靠性。汽车仪表电子化，可为操作者提供高精度的数据信息。由于没有运动部件，因此汽车电子显示仪表反应快、准确度高。

(4) 汽车电子显示仪表具有一"表"多用的功能。采用电子显示器显示，易于用一组数字去分时显示几种信息，并可同时显示几个信息，不必对每个信息都设置一个指示表，故使组合仪表得以简化。

二、汽车常用电子显示器件

电子显示器件大致分为两类：主动显示型和被动显示型。主动显示型的显示器件本身辐射光线，如发光二极管(LED)、真空荧光管(VFD)、阴极射线管(CRT)等离子显示器件(PDP)等；被动显示型的显示器件相当于一个光阀，它的显示靠另一个光源来调制，如液晶显示器(LCD)和电致变色显示器(ECD)等。这些都可作为汽车电子显示器件使用。

1. 发光二极管(LED)

发光二极管的结构如图7-21所示。其发光的颜色有红、绿、黄、橙，可单独使用，也可组合使用，用来组成数字。

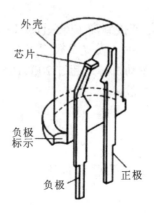

图 7-21　发光二极管

2. 真空荧光管(VFD)

真空荧光管实际是一种真空低压管，它由玻璃、金属等材料构成。其发光原理与电视机中的显像管相似。汽车上使用的数字式车速表的真空荧光显示屏如图7-22所示。

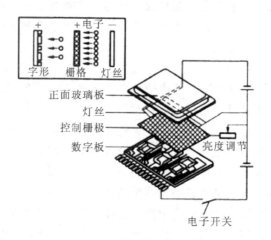

图 7-22　真空荧光显示屏

3. 液晶显示器(LCD)

液晶是一种有机化合物，在一定温度范围内，它具有普通液体的流动性质，也具有晶体的某些光学特性。液晶显示器是一种被动显示装置，具有显示面积大，耗能少，显示清晰，通过滤光镜可显示不同颜色，在阳光直射下不受影响等特点，应用十分广泛。

4. 阴极射线管(CRT)

阴极射线管(CRT)也称为显像管或电子束管，如图7-23所示。它是一种特殊的真空管。其结构及原理与家用及办公用电脑彩色显示器的相同。

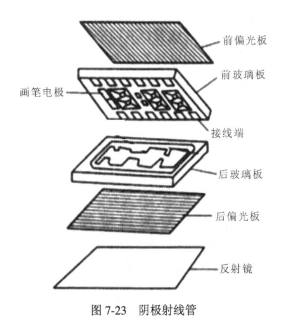

图 7-23　阴极射线管

思 考 与 练 习

一、选择题

1. 下面各种闪光器中，(　　)闪光器具有性能稳定、可靠性高、寿命长的特点，现被广泛应用。

A．电热式　　　　　　B．电容式　　　　　　C．电子式

2. 对于电热式机油压力表，传感器的平均电流大，其表指示(　　)。

A．压力大　　　　　　B．压力小　　　　　　C．压力可能大也可能小

3. 若稳压器工作不良，则(　　)。

A．只是电热式冷却液温度表和双金属式机油压力表示值不准

B．只是电热式燃油表和双金属式机油压力表示值不准

C．只是电热式冷却液温度表和电热式燃油表示值不准

4. 若将负温度系数热敏电阻式冷却液温度传感器电源线直接搭铁，则冷却液温度表(　　)。

A．示值最大　　　　　B．示值最小　　　　　C．没有指示

5. 如果通向燃油传感器的线路短路，则燃油表的示值(　　)。

A．为0　　　　　　　　B．为1　　　　　　　C．跳动

6. 低燃油油位警告灯所使用的电阻是(　　)。

A．正热敏电阻　　　　B．普通电阻　　　　　C．负热敏电阻

二、判断题

1. 若电磁式燃油表传感器搭铁，则燃油表示值为最大值。　　　　　　　　　(　　)

2. 热敏电阻式冷却液温度传感器的阻值随冷却液温度的降低而增大。　　　　(　　)

3. 电热式冷却液温度传感器触点的闭合时间随冷却液温度的升高而增大。　　（　　）

4. 电喇叭音调的高低与铁心气隙有关，铁心气隙小时音调高。　　（　　）

5. 设置双音电喇叭的电路应加装喇叭继电器。　　（　　）

6. 转向信号灯及危险报警信号灯可共用一个闪光器。　　（　　）

7. 发动机机油压力低时，通过电热式机油压力表内加热线圈的平均电流小，则表的示值小。　　（　　）

8. 燃油表一般有双金属电热式和电磁式两种形式。　　（　　）

三、简答题

1. 列举几种常见的报警指示灯。

2. 汽车常见的电子组合仪表有哪些？

3. 汽车常见的报警信息有哪些？能够检测哪些系统的工作状态？

4. 常见的电子仪表显示器件有哪些类型？显示方式有哪些？

5. 根据图示，写出电热式燃油表的工作过程。

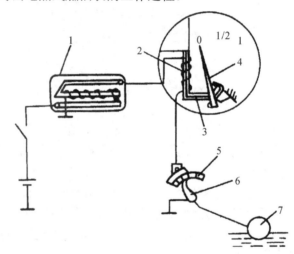

1—稳压器；2—加热线圈；3—双金属片；4—指针；5—可变电阻；6—滑片；7—浮子

第 5 题图

项目八　汽车辅助电气系统的维护与检修

【知识目标】

(1) 掌握电动刮水器和风窗玻璃洗涤器的组成与工作原理。
(2) 掌握风窗刮水及清洗系统不工作故障的检修方法。
(3) 掌握电动车窗的结构原理与检修方法。
(4) 掌握电动座椅的结构原理与检修方法。
(5) 掌握电控门锁系统的结构原理与检修方法。
(6) 掌握防盗系统的结构原理与检修方法。

【技能目标】

(1) 能正确拆装电动刮水器和风窗玻璃洗涤器，并对雨刮臂和喷嘴位置进行调整。
(2) 能正确检查电动刮水器和风窗玻璃洗涤器的工作线路，并对常见故障进行检修。
(3) 能够分析、判断和排除电动车窗常见故障。
(4) 能够分析、判断和排除电动座椅常见故障。
(5) 能够分析、判断和排除电控门锁系统的常见故障。
(6) 能够分析、判断和排除防盗系统的常见故障。

任务1　电动刮水器和风窗玻璃清洁装置的结构原理与检修

一、电动刮水器

为了提高汽车在雨天和雪天行驶时驾驶员的能见度，专门设置了风窗玻璃刮水器。刮水器按驱动方式的不同，可分为真空式、气动式和电动式三种。这里仅介绍电动刮水器。

(一) 电动刮水器的结构

电动刮水器主要由直流电动机和传动装置组成，如图 8-1 所示。

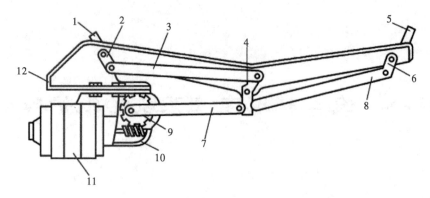

1、5—刷架；2、4、6—摆杆；3、7、8—拉杆；9—蜗轮；

10—蜗杆；11—电动机；12—底板

图 8-1　典型电动刮水器结构原理图

(二) 电动刮水器的变速原理

电动刮水器的变速是利用直流电动机的变速原理来实现的，即通过改变电动机磁极磁通量的强弱或改变两电刷之间的绕组数实现变速。

1. 改变磁通量变速

改变电动机磁极磁通量变速的方法只适用于线绕式直流电动机，其工作原理图如图 8-2 所示。线绕式直流电动机主要由串励绕组、并励绕组、电枢、触点、凸轮、刮水器开关、熔断器等部件组成。当电源开关 8 闭合时，汽车蓄电瓶电流经过熔断器 7，然后串励绕组 1 和并励绕组 3 使磁通量改变，根据磁通量的变化而使不同速度的刮水器开关打开，实现电动刮水器变速。

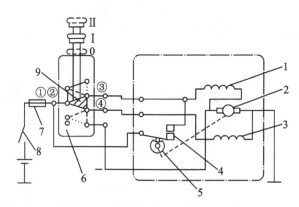

1—串励绕组；2—电枢；3—并励绕组；4—触点；5—凸轮；6—刮水器开关；

7—熔断器；8—电源开关；9—接触片

图 8-2　线绕式电动刮水器工作原理图

2. 改变电刷间的绕组数变速

改变电刷间绕组数变速的方法只适用于永磁式刮水器电动机。永磁式刮水器电动机体积小，质量轻，结构简单，使用广泛。永磁式刮水器电动机主要由永久磁铁、电枢、电刷等组成，其结构和外形分别如图 8-3 和图 8-4 所示。

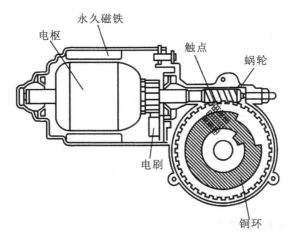

图 8-3　永磁式刮水器电动机的结构

图 8-4　永磁式刮水器电动机的外形

　　为满足实际使用要求，刮水器电动机有低速、高速和间歇三个挡位，且在任意时刻刮水结束后，刮水片均能回到挡风玻璃最下端，即自动复位。

　　永磁式刮水器电动机是利用 3 个电刷来改变正负电刷之间串联线圈的个数实现变速的，其工作原理图如图 8-5 所示。

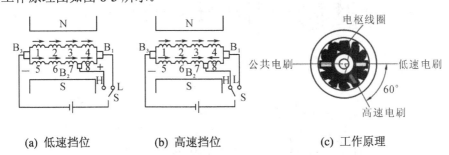

(a) 低速挡位　　　　(b) 高速挡位　　　　(c) 工作原理

图 8-5　永磁式刮水器电动机工作原理图

(三) 电动刮水器的自动复位装置

　　自动复位指在切断刮水器开关时，刮水片能自动停在驾驶员视线以外的指定位置。如图 8-6 所示为铜环式刮水器的控制电路。

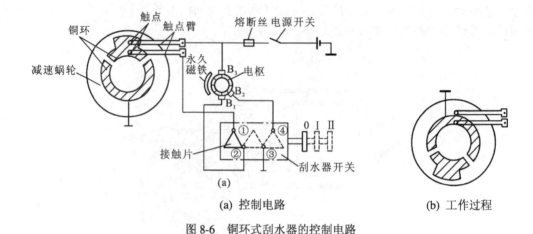

(a) 控制电路　　　　　(b) 工作过程

图 8-6　铜环式刮水器的控制电路

(四) 刮水器电子间歇控制

间歇挡用于当雨水较少时使电动机工作在间歇状态。电动刮水器的间歇控制按间歇时间能否调节可分为可调式和不可调式两种。

不可调式电子间歇刮水器能够实现间歇控制，但不能够根据雨量的变化及时调整刮水器的刮水频率；可调式电子间歇刮水器则可以根据雨量的大小自动调节刮水器的刮水频率，使驾驶员始终可以获得良好的视线。图 8-7 所示为继电器所控制的刮水器电路。图 8-8 所示为刮水器自动开关与调速控制电路。

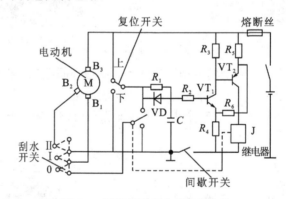

图 8-7　同步间歇刮水器控制电路

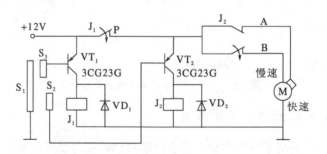

图 8-8　刮水器自动开关与调速控制电路

(五) 电动刮水器的检修

电动刮水器常见故障有刮水器各挡位都不工作、个别挡位不工作、不能自动停位等。

1. 各挡位都不工作

1) 故障现象

接通点火开关后,刮水器开关置于各挡位,刮水器均不工作。

2) 故障原因

(1) 熔断器断路。

(2) 刮水器电动机或开关有故障。

(3) 机械传动部分锈蚀或与电动机脱开。

(4) 连接线路断路或插接件松脱。

3) 故障诊断

首先检查熔断器是否断路,线路是否松脱;然后检查刮水器电动机及开关的电源线和搭铁线是否接触良好,有无断路;再检查开关各个接线柱在相应挡位能否正常接通;最后检查电动机和机械连接情况。

2. 个别挡位不工作

1) 故障现象

接通点火开关后,刮水器个别挡位(低速、高速或间歇挡)不工作。

2) 故障原因

(1) 刮水器电动机或开关有故障。

(2) 刮水器继电器有故障。

(3) 间歇继电器有故障。

(4) 连接线路断路或插接件松脱。

3) 故障诊断

如果刮水器在高速挡或低速挡不工作,首先检查刮水器电动机及开关对应故障挡位的线路是否正常;检查开关接线柱在相应挡位能否正常接通;最后检查电动机电刷是否个别接触不良。如果刮水器在间歇挡不工作,应顺序检查间歇开关(或刮水器开关的间歇挡)、线路和间歇继电器。

3. 不能自动停位

1) 故障现象

刮水器开关断开或在间歇挡工作时,刮水器不能自动停止在设定的位置。

2) 故障原因

(1) 刮水器电动机自动停位机构损坏。

(2) 刮水器开关损坏。

(3) 刮水器摆杆调整不当。

(4) 线路连接错误。

3) 故障诊断

首先检查刮水臂的安装及刮水器开关线路连接是否正确；再检查刮水器开关在相应挡位的接线柱能否正常接通；最后检查电动机自动停位机构触点能否正常闭合和接触良好。

(六) 刮水器的维护及使用注意事项

使用刮水器时应注意以下几点：

(1) 须经常检查刮片，可用清水和中性肥皂水清理刮水片。

(2) 检查刮水器电动机的固定及各传动杆的连接情况，如有松动，应予拧紧。

(3) 检查刮水片与玻璃贴附情况。刮水片应无老化、破裂、磨损等损伤，否则应更换。

(4) 刮水器仅可在湿润和清洁的车窗上使用，否则将损坏玻璃和橡胶刮片。

(5) 检查刮水器的性能，如果刮水片的性能已经变差，则必须更换；刮水片一般每年更换一次。

(6) 更换刮水片时，先将旧橡胶条拉出来，然后把新橡胶条插进去。注意安装方向不能弄错，同时一定要把固定卡夹安装牢靠。

(7) 打开刮水器开关，刮水器摆杆应摆动正常。操纵刮水器开关，刮水器电动机应以相应的转速工作，否则，应检查刮水器电动机及其线路。

(8) 检查后，在各运动铰链处滴注 2～3 滴润滑油或涂抹润滑脂，并再次打开刮水器开关，使刮水器摆杆摆动，润滑油或润滑脂均匀分布，并清洁。

二、风窗玻璃洗涤器

风窗玻璃洗涤器与刮水器配合使用，可以使汽车风窗玻璃刮水器更好地完成刮水工作，并获得更好的刮水效果。

(一) 风窗玻璃洗涤器的组成

风窗玻璃洗涤器的组成如图 8-9 所示。它由储液罐、洗涤泵、喷嘴和刮水器开关等组成。洗涤泵一般由永磁直流电动机和离心叶片泵组装为一体，喷射压力可达 70～88 kPa。洗涤泵一般直接安装在储液罐上，但也有安装在管路内的。在离心泵的进口处设置有滤清器。

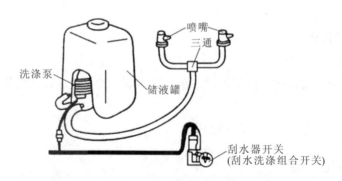

图 8-9 风窗玻璃洗涤器

(二) 风窗玻璃洗涤器的工作原理

风窗玻璃洗涤器一般和电动刮水器共用一个熔断丝。当清洗开关接通时，清洗电动机带动洗涤泵转动，将清洗液加压，通过输液管和喷嘴喷洒到挡风玻璃表面。图8-10是丰田轿车前风窗玻璃洗涤器控制电路图。

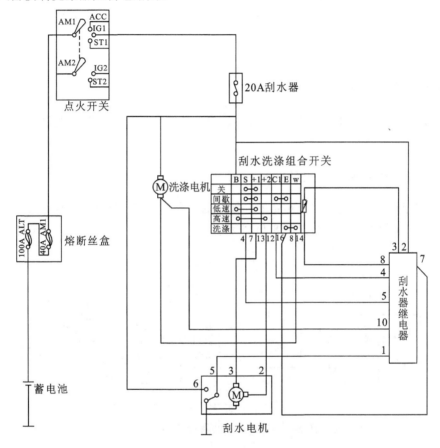

图 8-10　丰田轿车前风窗玻璃洗涤器控制电路图

(三) 风窗玻璃洗涤器的常见故障与排除方法

风窗玻璃洗涤器常见故障有所有喷嘴都不工作和个别喷嘴不工作。

1. 故障原因

(1) 清洗电动机或开关损坏。

(2) 线路断路。

(3) 清洗液液面过低或连接管脱落。

(4) 喷嘴堵塞。

2. 故障诊断

若所有喷嘴都不工作，可先检查清洗液液面和连接管是否正常；然后检查清洗电动机搭铁线和电源线有无断路、松脱，开关和电动机是否正常。

若个别喷嘴不工作，一般是喷嘴堵塞所致。

(四) 风窗玻璃洗涤器的检查与调整

(1) 检查洗涤器的管路连接情况，如有松动或脱落，应予安装并固定好；塑料管路若有老化、折断或破裂，应予更换。

(2) 检查洗涤器喷嘴，脏污时可用干净的毛刷清洗喷嘴，喷嘴角度不合适时应进行调整。

三、风窗玻璃除霜装置

风窗玻璃除霜装置用以清除汽车风窗玻璃上的霜和冰雪，以确保驾驶员的视线不受影响。

(一) 风窗玻璃除霜装置的组成和原理

风窗玻璃除霜装置由开关、传感器、控制器、电热丝和连接线路等组成。
后风窗玻璃除霜装置电路如图 8-11 所示。

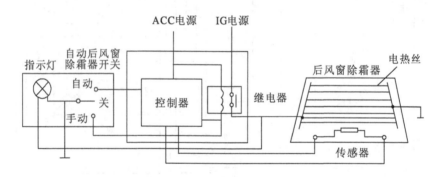

图 8-11　后风窗玻璃除霜(雾)装置电路

(二) 风窗玻璃除霜装置的常见故障与排除方法

风窗玻璃除霜装置常见故障是不工作。

1) 故障原因

(1) 熔断器或控制线路断路。

(2) 电热丝或开关损坏。

2) 故障诊断

首先检查熔断器是否正常，然后接通开关，检查电热丝电源电压是否正常。如果电压为零，则检查开关和电源线路；否则，检查电热丝是否断路。若电热丝断路，可用润滑脂清理电热丝端部，并用蜡和硅脱膜剂清理电热丝断头，再用专用修理剂进行修补，将断点处连接起来，保持适当时间后即可使用。

任务2　电动车窗的结构原理与检修

电动车窗是指以电为动力使车窗玻璃自动升降的车窗。驾驶员或乘员通过操纵开关接通车窗升降电动机电路，车窗电动机转动，通过相应的机械传动，控制车窗玻璃上升或下降。

一、电动车窗的组成

电动车窗主要由电动机、控制开关、车窗玻璃升降器等组成。

1. 电动机

电动机为车窗玻璃的升降提供动力。

采用双向转动的电动机，有永磁型和双绕组型两种。

每个车门上各有一个电动机，通过开关控制电动机中的电流方向，从而控制玻璃的升降。

2. 控制开关

控制开关用于控制电动机中电流的方向。

控制开关一般有两套：一套为总开关，装在仪表板或驾驶员侧的车门上，驾驶员可以控制每个车窗玻璃的升降；另一套为分开关，分别安装在每个车门上，以便乘客对每个车窗进行升降控制。

3. 车窗玻璃升降器

车窗玻璃升降器常见的有钢丝滚筒式车窗玻璃升降器和交叉传动臂式车窗玻璃升降器两种，分别如图 8-12 和图 8-13 所示。

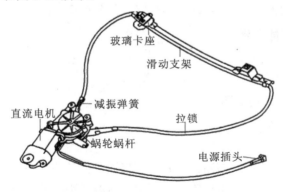

图 8-12　钢丝滚筒式车窗玻璃升降器

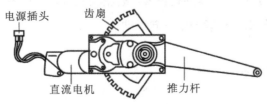

图 8-13　交叉传动臂式车窗玻璃升降器

二、电动车窗控制电路

电动车窗有手动控制和自动控制两种功能。图 8-14 所示为四车门电动车窗的主控制按钮和控制电路。

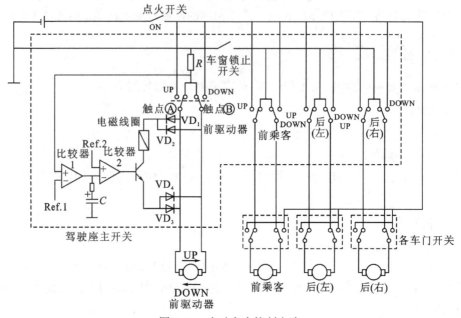

图 8-14　电动车窗控制电路

三、电动车窗的常见故障与排除方法

电动车窗常见故障有所有车窗均不能升降、部分车窗不能升降或只能一个方向运动。

1. 所有车窗均不能升降

1) 故障原因

(1) 熔断器断路。

(2) 有关继电器、开关损坏。

(3) 搭铁点锈蚀、松动。

2) 故障诊断

检查熔断器是否断路；若熔断器良好，则接通点火开关，检查有关继电器和开关火线接线柱上的电压是否正常。若电压为零，则检查电源线路；若电压正常，则检查搭铁线是否良好。若搭铁不良，则清洁、紧固搭铁线；若搭铁良好，则检测继电器、开关和电动机。

2. 部分车窗不能升降或只能一个方向运动

1) 故障原因

(1) 车窗按键开关损坏。

(2) 连接导线断路。

(3) 安全开关故障。

2) 故障诊断

如果车窗不能升降，首先检查安全开关是否工作，该车窗的按键开关工作是否正常，再通电检查该车窗的电机正反转是否运转稳定。若有故障，则检修或更换新件；若正常，则检修连接导线。如果车窗只能一个方向运动，一般是按键开关故障或部分线路断路或接错所致，可以先检查线路连接是否正常，再检修开关。

任务3 电动座椅的结构原理与检修

为了提高汽车乘坐的舒适性，现代轿车都安装有电动座椅装置，即通过操作控制开关，调整座椅位置，以减小驾驶或长时间乘车的疲劳。

一、电动座椅的作用与类型

电动座椅结构示意图如图 8-15 所示。

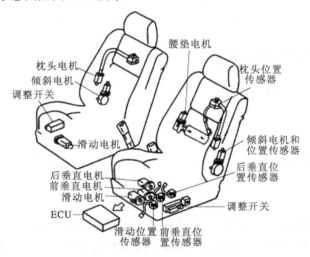

图 8-15 电动座椅结构示意图

1．作用

电动座椅为驾驶员及乘员提供便于操作、舒适而又安全的驾驶位置。

2．类型

电动座椅按调节方式的不同，分为手动调节式和动力调节式；按动力源的不同，分为真空式、液压式和电动式；按座椅电机的数目和调节方向数目的不同，分为两向、四向、六向、八向和多向可调等。

二、电动座椅控制电路

电动座椅控制电路的原理与电动车窗的相似，通过调整开关控制双向直流电动机的电流方向。图 8-16 所示为别克轿车驾驶员座椅控制电路，它有六种可调方式：座椅前部上、下调节，后部上、下调节，座椅前、后调节。

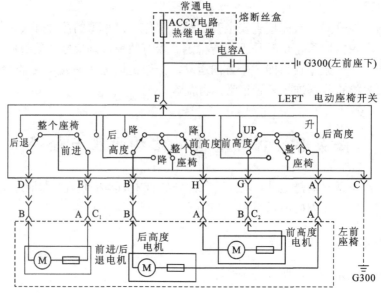

图 8-16　别克轿车驾驶员座椅控制电路

三、电动座椅的主要故障与排除方法

1. 操纵系统不工作或出现噪声

1) 故障原因

(1) 搭铁不良。

(2) 线路出现断路。

(3) 开关损坏。

2) 故障诊断

检查电磁阀与车身搭铁情况。如搭铁不良，操纵系统不可能工作。再使用测试灯在熔断丝板上检查断路器，指示灯发亮，如果座椅继电器有吸合声，则故障可能出现在电动机上。在检测继电器和电动机之前，还应检测开关上的电压，故障也可能出现在开关上。

2. 座椅电动机运转，但座椅不能移动

1) 故障原因

(1) 橡胶联轴节损坏。

(2) 座椅调节连杆氧化或润滑不足。

2) 故障诊断

先检查电动机和变速器之间的橡胶联轴节是否磨损或损坏，再检查座椅调节连杆是否存在氧化或润滑不足。

3. 座椅继电器有吸合响声，但电动机不工作

1) 故障原因

(1) 线路断路。

(2) 搭铁不良。

（3）电动机故障。

（4）电控单元故障。

2）故障诊断

检查电动机、电动机与继电器之间的线路。双磁场绕组型电动机搭铁不良也容易引起这类故障。需要进行电动座椅维修时，如果空间有限，不便在车内进行的，可将电动座椅的某一部分拆下进行检修。对于使用电控单元控制的电动座椅，还应检查电控单元是否有故障，若有故障则进行排除。

任务4 电动后视镜的结构原理与检修

采用电动后视镜，可使驾驶员获得理想的后视线，从而确保行车安全。

一、电动后视镜的组成

电动后视镜一般由镜片、驱动电机、控制电路及操纵开关等组成。

在每个后视镜镜片的背后均有两个可逆电动机，通过改变电动机的电流方向，即可完成对后视镜的上、下、左、右方向的调整。有的电动后视镜还带有伸缩功能，由伸缩开关控制伸缩电机工作，使整个后视镜回转伸出或缩回。

二、电动后视镜控制电路

图8-17所示为丰田皇冠轿车电动后视镜控制电路。电动后视镜控制开关状态见表8-1。

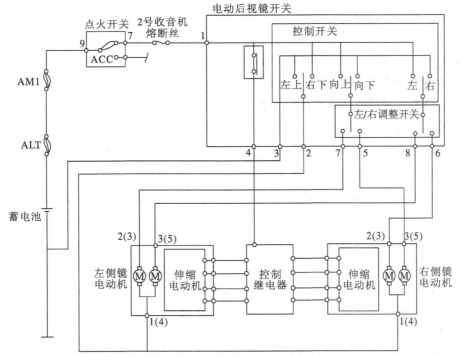

图8-17 丰田皇冠轿车电动后视镜控制电路

表 8-1　　电动后视镜控制开关状态

调整状态 ╲ 触点	左上	右下	向上	向下	左	右
向左调整	●				●	
向右调整		●				●
向上调整	●		●			
向下调整		●		●		

三、电动后视镜的故障诊断

1. 两个电动后视镜都不能动

1) 故障原因

两个电动后视镜都不能动的原因有熔断丝熔断、搭铁不良、后视镜开关损坏、电动机损坏等。

2) 故障诊断与排除

(1) 检测保险丝，线路的断路、松动插件松脱状况。

(2) 检测电动后视镜开关和电动机性能。

2. 一侧电动后视镜不能动

1) 故障原因

一侧电动后视镜不能动的原因有搭铁不良、后视镜开关损坏、电动机损坏等。

2) 故障诊断与排除

(1) 检测电动后视镜开关的好坏。

(2) 检测电动后视镜电动机的好坏。

(3) 检测电动后视镜控制线路是否搭铁不良。

3. 一侧电动后视镜上下方向不能动

1) 故障原因

一侧电动后视镜上下方向不能动的原因有搭铁不良、上下调整电动机损坏等。

2) 故障诊断与排除

(1) 检测电动后视镜开关的好坏。

(2) 检测电动后视镜控制线路是否搭铁不良。

4. 一侧电动后视镜左右方向不能动

1) 故障原因

一侧电动后视镜左右方向不能动的原因有搭铁不良、左右调整电动机损坏等。

2) 故障诊断与排除

(1) 检测电动后视镜开关的好坏。

(2) 检测电动后视镜控制线路是否搭铁不良。

任务5 电控门锁系统的结构原理与检修

汽车电控门锁系统采用集中控制方式控制所有车门、行李箱门及油箱盖一起上锁或开锁，并具有钥匙禁闭安全功能。所有车门的门锁可以通过驾驶室侧门上的钥匙或无线遥控钥匙操作达到同时开闭的目的，并且当有一侧前门打开，且点火钥匙仍在锁内时，即使已执行了锁门操作，所有的车门也不会上锁。

一、电控门锁系统的作用与分类

1. 电控门锁系统的作用

电控门锁系统的作用如下：

(1) 按下驾驶员车门锁扣时，其他几个车门及行李箱门都能自动锁定；如用钥匙锁门，也可同时锁好其他车门和行李箱门。

(2) 拉起驾驶员车门锁扣时，其他几个车门及行李箱门锁扣都能同时打开；用钥匙开门，也可实现该动作。

(3) 需在车室内打开个别车门时，可分别拉开各自的锁扣。

2. 电控门锁系统的分类

电控门锁系统种类很多，按发展过程一般可分为普通电控门锁系统、电子式电控门锁系统、车速感应式电控门锁系统和遥控式电控门锁系统；按控制方式的不同，可分为不带防盗系统的电控门锁系统和与防盗系统成一体的电控门锁系统；按结构的不同，可分为双向空气压力泵式电控门锁系统、直流电动机式电控门锁系统和车速感应式电控门锁系统。

二、电控门锁系统的组成和工作原理

电控门锁系统组成如图 8-18 所示。

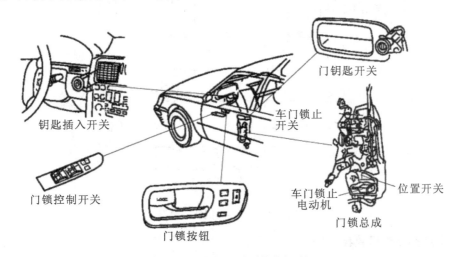

图 8-18 电控门锁系统的组成

1. 门锁控制器

1) 晶体管式门锁控制器

如图 8-19 所示为晶体管式门锁控制器，其内部有两个继电器，一个用于锁门，另一个用于开门。继电器由晶体管开关控制。

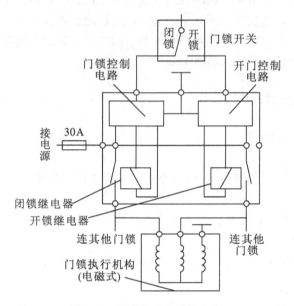

图 8-19 晶体管式门锁控制器

2) 电容式门锁控制器

如图 8-20 所示为电容式门锁控制器。

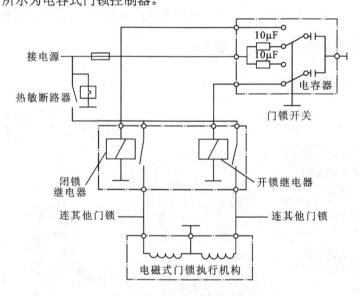

图 8-20 电容式门锁控制器

3) 车速感应式门锁控制器

如图 8-21 所示为车速感应式门锁控制器。

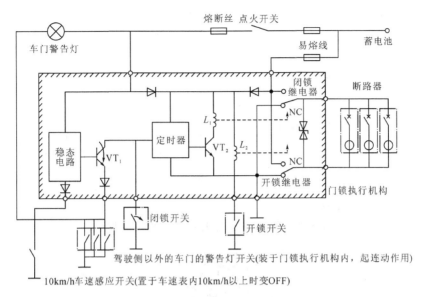

图 8-21　车速感应式门锁控制器

2. 门锁控制开关

门锁控制器的工作状况是由门锁控制开关控制的。

1) 中央门锁控制开关

中央门锁控制开关安装在左前门和右前门的内侧扶手上，用于在车内控制全车车门的打开与锁止。

2) 钥匙控制开关

钥匙控制开关安装在左前门和右前门的外侧门锁上。当从车外面用车门钥匙开车门或锁车门时，钥匙控制开关便发出开门或锁门的信号给 ECU，实现车门的打开或锁止。车门钥匙用于实现在车门外面锁车或打开车门锁，同时车门钥匙也是点火开关、燃料箱、行李箱等全车设置锁的共用的钥匙。

3) 行李箱门开启器开关

行李箱门开启器开关位于仪表板下面，拉动此开关便能打开行李箱门。

4) 门控开关

门控开关用来检测车门的开闭情况。车门打开时，门控开关接通；车门关闭时，门控开关断开。

3. 门锁执行机构

门锁执行机构的任务是在外电路的控制下，带动门锁连杆机构完成开锁和闭锁的功能。

1) 电磁线圈式门锁执行机构

电磁线圈式门锁执行机构的内部有两个电磁线圈，分别用于打开和关闭门锁。

2) 双向空气压力泵式门锁执行机构

双向空气压力泵式门锁执行机构利用双向空气压力泵产生压力或真空，通过膜盒来完成门锁的打开、关闭动作。

以奥迪 100 轿车为例，其前门锁控制电路原理如图 8-22 所示，执行机构如图 8-23 所示。

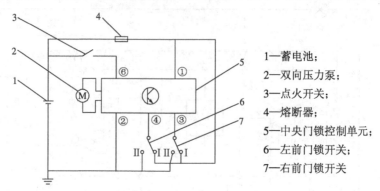

1—蓄电池；
2—双向压力泵；
3—点火开关；
4—熔断器；
5—中央门锁控制单元；
6—左前门锁开关；
7—右前门锁开关

图 8-22 奥迪 100 轿车的前门锁控制电路原理

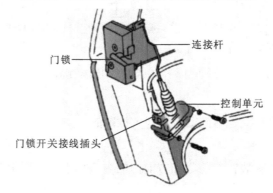

图 8-23 奥迪 100 轿车的前门锁执行机构

3) 直流电动机式执行机构

直流电动机式执行机构的结构如图 8-24 所示，该执行机构主要由门锁电动机、位置开关、门锁开关及连接杆等组成。

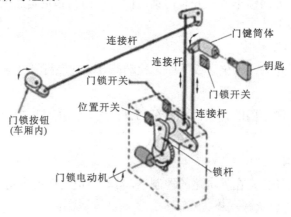

图 8-24 直流电动机式执行机构

三、电控门锁系统控制电路

此处以别克君威电控门锁系统为例，介绍其控制电路，如图 8-25 所示。

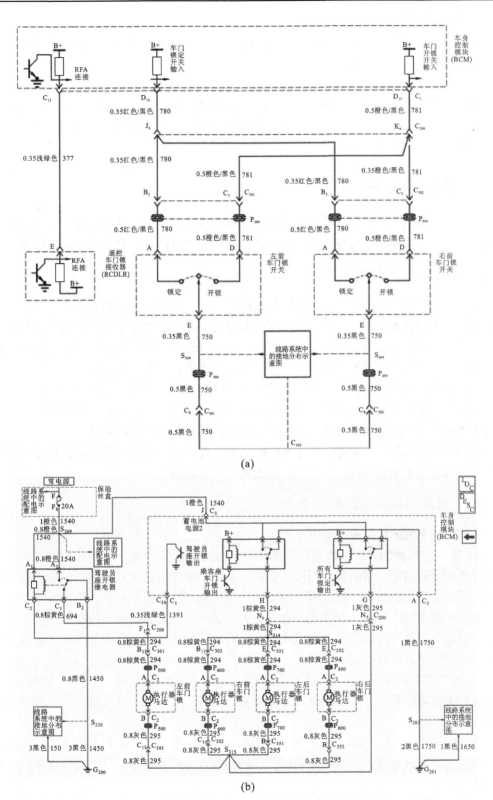

图 8-25　别克君威电控门锁系统电路图

1. 所有车门开锁

在此系统中，左右两侧前门各有一个门锁开关。按压任何一门锁开关上的开锁按钮时，车身控制模块使所有车锁开锁。

2. 所有车门上锁

按动门锁开关上的 LOCK 锁止按钮后，通过电路 780 向车身控制模块插头 C_1 端子 D_{12} 发送接地信号。接收上锁信号后，车身控制模块从电路 295 向四门门锁执行电动机供电，使电流方向通过电动机，所有车门同时上锁。

四、电控门锁系统的检修

由于车型不同，电控门锁系统的结构及原理有较大的差异。因此，在检修之前应查阅制造厂家的维修手册，准确找出故障部位和产生故障的原因，然后进行必要的修理。

(一) 电控门锁系统主要部件的检查

(1) 门锁控制开关。用万用表测量开关在不同位置时的工作状态。首先应根据维修资料，找到开关的接线端子，一般开关处于"LOCK"或"UNLOCK"位置时对应的接线端子间的电阻值应为零，开关处于"OFF"位置时对应的接线端子间的电阻值应为∞。检测结果符合上述要求的开关是好的；若只有一个符合要求，则表示开关损坏，可直接更换。

(2) 门锁控制继电器(也称门锁定时器)。门锁控制继电器是由电子电路控制的继电器，它包括控制电路和继电器两个部分，为门锁执行器提供脉冲工作电流。检测时，先通过测量门锁控制继电器的输出状态来判断是否有故障，然后做出相应的处理。

(3) 门锁执行器。门锁执行器有电磁铁机构、直流电动机等，可以用直接通电方法检查其是否有开锁和闭锁两种工作状态，从而判断其是否损坏。

(二) 电控门锁系统故障的检修

电控门锁系统的常见故障如下：

(1) 操作门锁控制开关，所有门锁均不动作。这种故障一般发生在电源电路中。首先检查熔断器是否熔断，熔断器熔断应予更换。若更换熔断器后又立即熔断，则说明电源与门锁执行器之间的线路有搭铁或短路故障，用万用表查出搭铁部位，即可排除。若熔断器良好，再检查线路接头是否松脱，搭铁是否可靠，导线是否折断。可在门锁控制开关电源接线柱和定时器或门锁继电器电源接线柱上测量该处的电压，从而判断输入电控门锁系统的电源线路是否良好。

(2) 操作门锁控制开关，不能开门(或锁门)。这种故障是由于开门(或锁门)继电器、门锁控制开关损坏所致，可能是继电器线圈烧断、触点接触不良、开关触点烧坏或导线接头松脱引起的。

(3) 操作门锁控制开关，个别车门锁不能动作。这种故障仅出现在相应车门上，可能是连接线路断路或松脱、门锁电动机(或电磁铁式执行器)被损坏、门锁连杆操纵机构被损坏等造成的。

(4) 速度控制失灵。当车速高于规定车速时，门锁不能自动锁定。故障原因是由于车速感应开关触点烧蚀、车速传感器损坏或车速控制电路出现故障。首先应检查电路中各接头是否接触良好，搭铁是否良好，电源线路是否有故障。然后检查车速感应开关、车速传感器。车速传感器的检查可采用试验的方法进行，也可采用代换法，即以新传感器代换被检传感器，若故障消除，则说明旧传感器被损坏，若故障仍存在，则应进一步检查速度控制电路中的各个元器件是否被损坏。

任务6 防盗系统的结构原理与检修

为了提高车辆的安全性，目前许多汽车都装有防盗系统。当有人擅自打开任何一个车门时，防盗系统立即报警，且不允许发动机起动或在发动机起动后几秒内自行熄火，以达到防盗的目的。

一、防盗系统的分类

汽车防盗系统主要有以下几种类型：机械式防盗系统、电子式防盗系统、机电结合式防盗系统和电子跟踪定位监控式防盗系统。

当前主要采用的是电子式防盗系统，其按功能分为以下三类：

(1) 防止非法进入汽车的防盗系统：主要为红外线监视系统或各监控处防盗报警开关。在防盗起动时，监视是否有移动物体进入车内或非法打开各监控部位。

(2) 防止破坏或非法搬运汽车的防盗系统：主要通过布置在车内的超声波传感器、振动传感器或倾斜传感器等，监测是否有人企图破坏或非法搬运汽车。

(3) 发动机防盗锁止控制系统(又称防止车辆被非法开走系统)：当不用合法钥匙起动发动机时，防盗锁止控制系统将发出报警信号并同时控制发动机电控系统不能工作，从而发动机不能起动行走，可防止车辆被非法移动开走。

二、防盗系统的组成与工作原理

防盗系统主要由开关、传感器、防盗控制电脑(防盗 ECU)和执行器等组成。丰田轿车防盗系统组成和位置如图 8-26 所示。

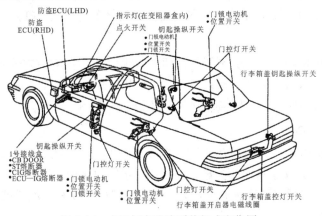

图 8-26 丰田轿车防盗系统组成和位置

防盗系统的原理框图如图 8-27 所示，当把自动门锁开关置于 LOCK 位置时，车门锁定后即开始进入预警状态，这时若防盗系统检测到有人用不正当的手段开启车门、发动机舱盖、行李箱，或破坏车窗、车厢内有人移动、车辆倾斜，报警电路就会起动：喇叭发出声响，尾灯、顶灯、外灯等发光，同时接通起动中断电路，有些车还会将发动机点火和燃油供应切断，以防止发动机不正当起动。

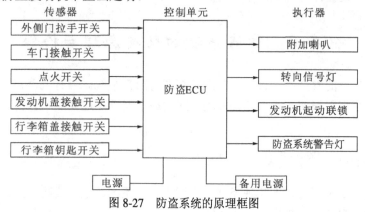

图 8-27　防盗系统的原理框图

三、防盗系统控制电路

以丰田轿车防盗系统为例，其防盗系统与电控门锁系统共用一个微电脑，如图 8-28 所示。

1. 供电电路

防盗 ECU 的供电有多路：第一路是 A_6 端子的供电，该电压取自蓄电池正极，经多个保险元件后得到；第二路是 B_2 端子的供电，该电压也来自蓄电池的正极，但受点火开关的控制；第三路是 B_8 端子的车门控制电路的供电，该电压来自蓄电池正极，经多个保险元件后得到。

2. 门锁驱动电路

防盗 ECU 的 B_4 端子与 B_3 端子内电路及外接的 4 个电动机和其内的 4 个到位控制开关共同构成了门锁驱动电路。该电路受车门钥匙控制开关或车门锁开关(手动)的控制，由 B_4 端子或 B_3 端子输出不同方向的电流来带动相关机构将车门锁上或打开。

3. 门锁开关

防盗 ECU 的 B_{12} 端子、B_{11} 端子外接驾驶席侧车门、乘客席(副驾驶)侧门锁开关；B_{13} 端子、B_9 端子和 B_{15} 端子为钥匙操纵开关。当这几只开关中的任一只打开或闭合时，均会使锁驱动电动机动作，开关机构将所有车门打开或锁止。

4. 起动控制电路

防盗 ECU 的 B_1 端子内电路及其外接的起动继电器共同构成了起动控制电路。当防盗系统未工作时，其 B_1 端子内的相关电路控制该端子等效接地，使起动继电器线圈的电流通路处于接通状态，只要接通点火开关，起动继电器线圈中就有电流通过而使其常开触点闭合，起动机工作。

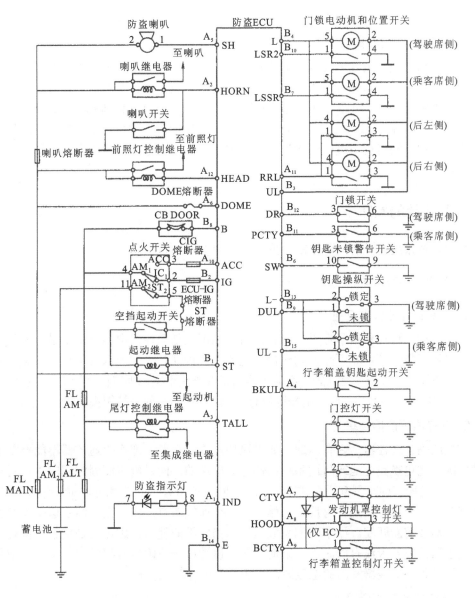

图 8-28　防盗系统和电控门锁系统的工作电路

当防盗系统处于防盗状态时，防盗 ECU 的 B_1 端子内电路控制该端子与地断开，此时接通点火开关，起动系统将无法工作。

5. 门控灯开关电路

防盗 ECU 的 A_7 端子为门控灯开关信号输入端，外接驾驶员侧车门、乘客侧车门、后门和行李箱盖控灯开关，这几只开关并联连接，只要有一个车门或发动机舱盖未关(盖)好，防盗 ECU 的 A_7 端子就有检测信号输入，使 B_1 端子相关电路处于断开状态，从而使起动机无法工作。

6. 防盗指示灯电路

防盗 ECU 的 A_1 端子为防盗指示灯控制信号输出端，当处于防盗状态时，A_1 端子输出为高电平，该信号经限流电阻使发光二极管导通发光，以示防盗工作状态。

7. 防盗系统的工作过程

当把自动门锁开关置于 LOCK 位置时，关闭车门，则系统进入防盗报警准备状态，这时如有人试图不用钥匙强行进入车内，或打开发动机舱盖和行李箱盖门，或当蓄电池端子被拆下又重新连接时，防盗 ECU 检测到以后，从其 A_5 端子输出控制信号加到防盗喇叭上，使防盗喇叭鸣响 30 s，进行报警。同时，防盗 ECU 还输出控制信号至控制执行部件以自动锁死所有车门，同时也通过起动机切断系统来切断起动机电路，阻止发动机起动，从而达到防盗目的。

四、防盗系统的检修

汽车防盗系统常见的故障诊断及排除方法如下：

(一) 汽车遥控器

1. 汽车遥控器没有反应

如果按键时遥控器指示灯不亮或者很暗，则可能是遥控器电池电量不足。如果更换电池后，遥控器指示灯仍然不亮，则应检查电池正负极性是否装反以及电池与安装座是否接触良好。如果上述检查没有问题，而遥控器指示灯仍然不亮，则应检查按键是否损坏。如果按某些键时指示灯有反应，而有的按键没有反应，则说明可能是按键损坏，或者遥控器损坏。

2. 遥控器不能控制车门

首先应确认遥控器是否有问题，如果遥控器没有问题，那么"遥控器不能控制车门"这种情况是在更换完电池或防盗系统部件之后出现的，此时应按照固定程序进行遥控器的匹配。并不是所有的车型都需要进行匹配，不同的车型有不同的规定。如果有两个遥控器，可以试验另一个遥控器是否有反应。如果另一个遥控器有反应，则可能是这个遥控器的密码丢失，需要重新匹配。如果匹配完成遥控器仍然不能使用，则可能是接收主机有问题或这个遥控器的发射天线有问题。如果遥控器主机被屏蔽或附近有很强的干扰源，则主机不能正确地接收到遥控器发出的电磁波，无法控制中控门锁动作。

3. 遥控器有效距离很近

如果在遥控器使用了一段时间后出现遥控器失效，则可能是电池电量不足；如果遥控器的有效距离有时远有时近，则可能是周围环境的影响；如果遥控器主机被屏蔽或被干扰，也会出现遥控器失效，例如车辆粘贴的防爆膜对遥控器主机具有屏蔽作用，车内某些用电设备具有干扰的作用。

(二) 汽车防盗报警器

1. 遥控操作不起作用

故障现象：按遥控器各功能按键时，遥控器的红色 LED 指示灯不亮。

故障分析：此故障多在遥控器本身，有以下几种情况：

(1) 电池电量用尽。

(2) 电池正、负极簧片生锈或接触不良。

(3) 遥控器被雨淋或进水、油浸等。对此，可将电路板取出，用工业酒精清洗，用家用电吹风吹干或待其自然干燥后，即可使用。

2．遥控距离越来越短

故障现象：发射信号时，遥控器的 LED 亮度变暗或闪烁。

故障分析：此故障多是电池电量不足引起的，更换电池即可。除此以外，建议不要自己调整或更换遥控器的元件，以免造成更大的损失。

3．遥控器某一功能键失效

故障现象：按遥控器某一功能键时，LED 指示灯不亮。

故障分析：此故障多为该功能键损坏或按键引脚与电路板的焊点脱焊引起的。遥控器的按键多为微型开关，平时使用时用力要轻，并注意防水、防摔和重压。

【拓展知识】

汽车新型辅助系统

一、雨滴感知型刮水装置

电动刮水器虽然能够实现间歇控制，但不能随雨量大小的变化及时调整刮水片的刮水频率。雨滴感知型刮水装置则能根据雨量的大小自动调节刮水频率，使驾驶员始终保持良好的视线。

1．雨滴感知型刮水装置的组成

雨滴感知型刮水装置主要由雨滴传感器、间歇控制电路、刮水电机三大部分组成。其中雨滴传感器有压电型雨滴传感器和电阻阻值改变型雨滴传感器两种。压电型雨滴传感器利用雨滴下落撞击传感器的振动片，将振动能量传给压电元件，从而将雨量的大小转变为与之相对应的电信号，其结构如图 8-29 所示。电阻阻值改变型雨滴传感器利用雨滴流量检测电极，雨水落在两电极之间，使它们的电阻值明显变化，从而将雨量的大小转变为与之相对应的电信号，其结构如图 8-30 所示。

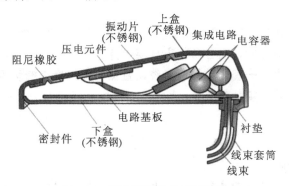

图 8-29　压电型雨滴传感器结构

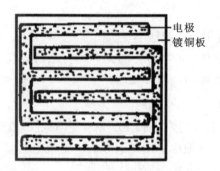

图 8-30　电阻阻值改变型雨滴传感器结构

2．雨滴感知型刮水装置的工作原理

如图 8-31 所示，工作时，雨滴传感器将雨量的大小转变为与之相对应的电信号，经放大后送入间歇控制电路，对充电电路充电，使充电电路中电容两端电压上升，当电压上升至与基准电压相等时，驱动电路使刮水电动机工作一次，雨量越大，感应出电信号越强，充电速度越快，间歇工作频率越高，相反则工作频率越低。但当雨量很小时，雨滴传感器没有电压信号输出，只有定时电路对充电电路进行定时充电，一段时间后，充电电路的输出电压与基准电压相等，刮水器动作一次。根据下雨量的大小，电路可以实现无级调速。

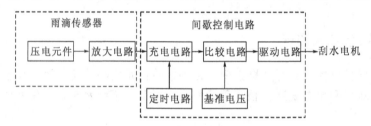

图 8-31　雨滴感知型刮水装置的工作原理图

二、防夹车窗

防夹车窗是指电动门窗玻璃在关闭时，遇到较大阻力后会自动停止，或者改变玻璃上升行程为下降行程，以释放被夹物，保护司乘人员(特别是 6 岁以下儿童)安全的车窗。防夹车窗不仅增加了汽车的安全性，提高了汽车的档次，而且大大延长了电动车窗的使用寿命。因为在上下死点位置，无论升降开关是否松开，控制器均会自动断电，以避免电机因长时间堵转而烧毁。

车窗防夹技术是通过"触觉"和"视觉"来实现的。所谓"触觉"，就是当电动车窗机构感触到有异物在玻璃上时，会自动停止玻璃上升工作。而依靠"视觉"的是较先进的一套控制系统，它实际上是一套光学控制系统，监测有无异物在电动车窗移动范围内，从而控制玻璃移动，无需异物接触到玻璃。

三、新型后视镜

1．电加热后视镜

当汽车在雨、雪、雾等天气行驶时，电加热后视镜可以通过镶嵌于镜片后的电热丝加热，确保镜片表面清晰。

电加热后视镜的工作原理非常简单，而且成本也不是很高，它是在两侧后视镜的镜片内安装一个电热片(电热膜)，根据后视镜大小的不同，后视镜加热片(膜)的大小也各不同。在雨雪天气时，驾驶员打开后视镜电加热功能，电热片会在几分钟内迅速加热至一个固定的温度，一般在35℃~60℃之间，从而将镜片加热，可起到除雾除霜的效果。

2. 防眩目后视镜

目前后视镜防眩目有两种形式：手动和自动。手动防眩目后视镜通过光学原理抑制眩目，这种后视镜使用一块双反射率的镜子，当驾驶员认为反射光过强感到刺眼时，即可手动扳动后视镜角度调节杆，使后视镜角度偏移，此时镜面的反射率小，可以削弱光线强度。

而配置较高的车型上则配备了自动防眩目后视镜，这种后视镜在镜面后面安装了光敏二极管，二极管感应到强光时，控制电路将施加电压到镜面的电离层上，在电压的作用下镜片就会变暗，以达到防眩目的目的。

3. 电动折叠后视镜

电动折叠后视镜是指汽车两侧的后视镜在必要时可以折叠收缩起来。这种功能在城市路边停车时特别有用，后视镜折叠后能节省一定的空间，同时也可避免自己的爱车受"断耳"之痛。

四、新型电动天窗

电动天窗安装于车顶，能够有效地使车内空气流通，增加新鲜空气的进入量。同时天窗可以开阔视野，也常用于移动摄影、摄像的拍摄需求。

1. 全景天窗

全景天窗分为两种类型。一种是整个车顶都是玻璃覆盖，但是不能打开，如欧宝雅特GTC全景风挡版轿车。另一种全景天窗则分为前后两部分，前半部分跟普通天窗一样可以打开，如日产天籁、宝马5系GT等。

全景天窗视野开阔，通风良好，但是成本高，车身整体刚度下降，安全系数降低。

2. 百叶式天窗

百叶式天窗就是将数块玻璃以百叶的形式安装在车顶，开启时向后滑动而使玻璃都聚集在一起，与家里的百叶窗帘类似。百叶式天窗可以在保证开启面积的情况下更大限度地节约空间，关闭时又能起到全景天窗般的透光效果。目前在国内应用百叶式天窗的车型有奔驰B级，而在奔驰A级上，百叶式天窗作为选装件。

3. 太阳能天窗

太阳能天窗拥有普通天窗一样的功能，但同时在普通天窗玻璃下方又集成了我们熟知的太阳能电池板，它能将光能转换为电能并存储在车辆蓄电池中。

太阳能天窗最为显著的一个特点就是，在夏季高温天气里，汽车在烈日下停车熄火，完全没有能源供给时，能自动调节车内温度。利用内置在天窗内部的太阳能集电板依靠阳光所产生的电力，经过控制系统来驱动鼓风机，将车厢外的冷空气导入车内，驱除车内热气，达到降温的目的。

五、新型电动座椅

1．带加热功能的电动座椅

为了改善驾驶员和乘客乘坐的环境，在一些轿车上设置了座椅加热系统。大多数电加热装置都有温度可调节的功能。

2．带存储功能的电动座椅

电动座椅记忆就是将电动座椅与车载电脑结合在一起，增加座椅的记忆功能，对座椅实现智能化管理。带存储功能的电动座椅控制示意图如图 8-32 所示，它能够将设定的座椅调节位置进行记忆，使用时只要按指定的按键开关，座椅就会自动地调节到预先设定的座椅位置上。

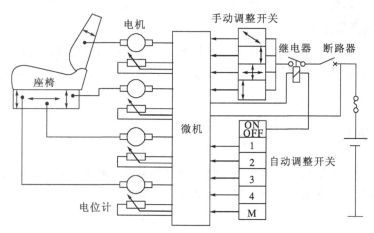

图 8-32　带存储功能的电动座椅控制图

3．带按摩功能的座椅

有些高档轿车设有座椅按摩功能，在座椅内加入气动装置，气压由发动机舱的气泵提供，座椅靠背内分别有 4 个或多个气压腔，实现对腰椎部的保护。同时，这些气压腔由一个装在靠背内的电脑控制的电子振荡器控制，电子振荡器根据事先编写的程序改变气压腔内的压力，使座椅椅面随之运动，达到为驾乘人员按摩的目的。

六、遥控式门锁系统

1．遥控式门锁系统的组成

遥控式门锁系统主要由发射器、接收器、遥控门锁 ECU、防盗和门锁控制 ECU(门锁控制组件)以及执行器等组成。

1) 发射器

发射器也称遥控器，其作用是利用发射开关规定代码的遥控信号，控制驾驶员侧车门、其他车门、行李箱门等的打开和关闭，且具有寻车功能。发射器分为分开型和组合型(发射器与点火钥匙合二为一)两种，如图 8-33 所示。现代汽车广泛采用红外线式遥控器和无线电波式遥控器。

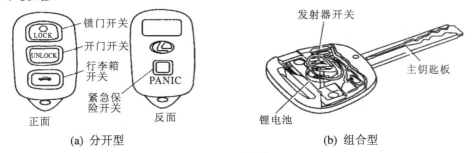

图 8-33 发射器

红外线式遥控器主要由发光二极管、控制电路、身份代码存储器、开关按钮和电池等组成。

无线电波式遥控器主要由输出部分、控制电路、身份代码存储器、开关按钮和电池等组成。其输出部分由调制电路、高频振荡电路、高频放大电路以及发射天线等组成。

2) 接收器

接收器对接收的信号进行放大和调制，检查身份鉴定代码是否相符，当代码一致时，判别功能代码，并驱动相应的执行器。

现代汽车广泛采用红外线式接收器和无线电波式接收器。

红外线式接收器的结构如图 8-34 所示。

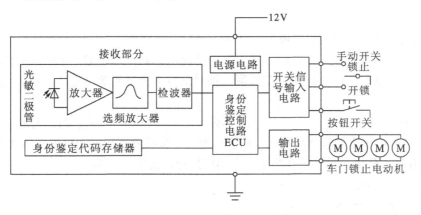

图 8-34 红外线式接收器的结构

无线电波式接收器主要由电源电路、接收部分、身份鉴定代码存储器、身份鉴定控制电路 ECU、开关信号输入电路以及输出电路等组成。接收部分主要由接收天线、射频放大器、局部振荡器、混频器、选频放大器、功率放大器和滤波器等组成。开关信号主要是指车门的手动开关的输入信号。输出电路主要用于控制车门锁电动机。

接收天线在货物供应车上位于前立柱处，家用汽车则印镶在风窗玻璃内。接收天线用于接收遥控器输出信号，同时也可用作收音机天线。

2. 遥控式门锁系统的工作原理

如图 8-35 所示的是无线遥控式门锁系统的工作过程。遥控发射器发出变化的无线电信号(识别代码)被车辆天线接收后，进入中央门锁控制单元 ECU，经过处理识别确认后输出信号给门锁控制单元，门锁控制单元控制执行机构，车门闭锁装置完成车门的闭锁和开锁。

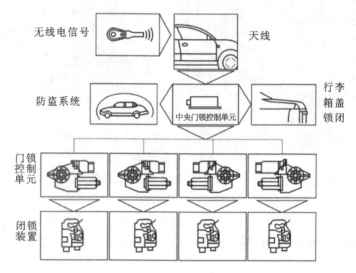

图 8-35 无线遥控式门锁系统的工作过程

思 考 与 练 习

一、选择题

1. 电动车窗中的电动机一般为( )。

A. 单向直流电动机　　　　　B. 双向交流电动机　　　　C. 永磁双向直流电动机

2. 车窗继电器，1、3 端子间是线圈，如果用蓄电池将两端子连接，则 2、4 端子之间应( )。

A. 通路　　　　　　　　　B. 断路　　　　　　　　　C. 时通时断

3. 检查电动车窗左后电动机时，用蓄电池的正负极分别接电动机连接器端子后，电动机转动，互换正负极和端子的连接后，电动机反转，说明( )。

A. 电动机状况良好

B. 不能判断电动机的好坏

C. 电动机损坏

4. 起动机中直流串励电机的功能是( )。

A. 将电能转变为机械能　　　B. 将机械能转变为电能　　C. 将电能转变为化学能

5. 在电动座椅中，一般一个电机可完成座椅的( )。

A. 1 个方向的调整　　　　　B. 2 个方向的调整　　　　C. 3 个方向的调整

6. 每个电动后视镜都由( )电动机驱动。

A. 1 个　　　　　　　　　B. 2 个　　　　　　　　　C. 4 个

7. 用于控制所有门锁的门锁控制开关，安装在( )。

A. 驾驶员侧门的内侧扶手上　B. 每个门上　　　　　　　C. 门锁总成中

8. 门锁位置开关位于( )。

A．驾驶员侧门的内侧扶手上　　B．每个门上　　　　　　C．门锁总成中

9．门锁控制开关的作用是(　　)。

A．在任意一车门内侧实现开锁和锁门动作

B．在乘客车门内侧实现开锁和锁门动作

C．在驾驶员侧车门内侧实现开锁和锁门动作

二、判断题

1．电动车窗中自动控制依靠检测电阻测量车窗的位置，当检测电阻的电压减小时，表示车窗已经升到位或降到位。　　　　　　　　　　　　　　　　　　　　　　　(　　)

2．电动车窗一般装有两套开关，分别为总开关和分开关，两个开关之间是互相独立的。　　　　　　　　　　　　　　　　　　　　　　　　　　　　　　　　　　　(　　)

3．座椅加热系统中可通过调整可变电阻调整座椅的加热速度。　　　　(　　)

4．每个电动后视镜的镜片后面都有4个电动机来实现后视镜的调整。　(　　)

5．永磁式刮水电动机是通过改变正、负电刷之间串联线圈的个数实现变速的。(　　)

6．检查电动刮水器的自动复位功能时，可以让电动机停在停止时的位置，然后进行相关的检查。　　　　　　　　　　　　　　　　　　　　　　　　　　　　　　(　　)

三、简答题

1．简述电动刮水器的组成与结构。

2．试述电动刮水器的变速原理。

3．永磁式刮水器是如何实现自动回位的？

4．电动刮水器采用间歇控制的目的是什么？如何实现间歇控制？

5．电动车窗升降的控制方式有哪两种？各自的含义是什么？

6．试述电动刮水器与风窗玻璃清洗装置的使用及检修注意事项。

7．接通电源后，刮水电机发热，而刮水器不工作的原因是什么？

8．汽车座椅应满足哪些要求？电动座椅一般应具有哪些调整功能？

项目九　汽车空调系统的维护与检修

【知识目标】

(1) 掌握汽车空调制冷系统的组成、基本工作原理和主要组成件的结构及工作原理。

(2) 掌握汽车空调控制系统的功能、电路和基本工作原理。

【技能目标】

(1) 能进行空调制冷系统的维护作业并会排除故障。

(2) 会利用电路图判断空调控制电路故障。

任务1　汽车空调制冷系统的构造与维修

一、汽车空调系统的组成与分类

(一) 汽车空调系统的组成

汽车安装空调系统的目的是调节车内空气的温度、湿度，改善车内空气的流动，并且提高空气的清洁度。

汽车空调系统主要由以下几部分组成：

(1) 制冷装置：对车内空气或由外部进入车内的新鲜空气进行冷却或除湿，使车内空气变得凉爽。汽车空调制冷系统主要由制冷循环及电器调节与控制两部分组成。

(2) 暖风装置：对车内空气或由外部进入车内的新鲜空气进行加热，用于供暖和除霜。

(3) 通风装置：将外部新鲜空气吸入车内，起通风与换气作用。同时，通风对防止风窗玻璃起雾也起着良好作用。

(4) 加湿装置：在空气湿度较低的时候，对车内空气进行加湿，以提高车内空气的相对湿度。

(5) 空气净化装置：除去车内空气中的尘埃、臭味、烟气及有毒气体，使车内空气变得清新。

在大多数轿车及客车、货车上，通常仅有制冷装置、暖风装置、通风装置，在高级轿车和高级大、中型客车上，还有加湿装置和空气净化装置。

汽车空调系统控制有手动控制和自动控制之分。手动控制需要驾驶员通过旋钮或拨杆对控制对象进行调节，如改变温度等。自动控制只需驾驶员输入目标温度，空调系统便可按照驾驶员的设定自动进行调节。

(二) 汽车空调系统的分类

1. 按驱动方式分类

汽车空调系统按驱动方式可分为独立式汽车空调系统和非独立式汽车空调系统。独立式汽车空调系统采用一台专用空调发动机来驱动空调压缩机，制冷量大，工作稳定，一般应用于中、小型客车上。非独立式汽车空调系统的制冷压缩机由汽车发动机驱动，空调的制冷性能受发动机工况的影响，多用于制冷量相对较小的小型客车和轿车上。

2. 按功能分类

汽车空调系统按功能可分为单一功能型汽车空调系统和冷暖一体型汽车空调系统。单一功能型汽车空调系统中将制冷装置、暖风装置、通风装置各自独立安装，独立操作，一般应用于大型客车和载重汽车上。冷暖一体型汽车空调系统中将制冷装置、暖风装置和通风装置放在同一板上控制，共用一台鼓风机、一套风道送风口。

二、制冷剂

制冷剂是制冷循环中的工作介质。在制冷系统运转时，制冷剂在其中循环流动，通过自身热力状态的循环变化，不断与外界发生能量交换，以达到制冷的目的。

(一) 制冷剂的分类

1. 无机化合物类制冷剂

无机化合物类制冷剂是较早采用的天然制冷剂，如水 R718、空气 R729、氨 R717、二氧化碳等。

2. 氟利昂类制冷剂(卤代烃)

饱和碳氢化合物中的氢元素全部或部分用卤素(主要是氟、氯、溴衍生物)取代，就形成了氟利昂类制冷剂。氟利昂是一个种类繁多的大家族，常用的有二氟二氯甲烷、二氟一氯甲烷、四氟乙烷、二氟乙烷等。

3. 烷烃类制冷剂

烷烃类(如甲烷、丙烷、异丁烷、丙烯等)制冷剂是完全由 C、H 元素组成的，这是早期使用的制冷剂。

4. 混合制冷剂

鉴于纯质制冷剂的局限性，为调制制冷剂的性质、扩大制冷剂的选择范围，将各种纯质制冷剂在优势互补的基础上按一定比例进行混合，开发研制了混合制冷剂 R501、R502、

R509、R407A、R407B、R407C 等。

(二) 制冷剂对环境的影响

1. 对大气臭氧层的影响

一直被广泛应用的氟利昂，在 20 世纪 70 年代被发现是破坏大气臭氧层的主要因素。如 R12 类分子结构很稳定、也不可燃，在大气中存在寿命很长，但其因使用或检修而排放出制冷系统，会在大气中长时间扩散，到达平流层后，在阳光照射下分解出氯原子，而一个氯原子可以和约 10 万个臭氧分子发生连锁反应，从而减少平流层中臭氧的浓度。

由于大气臭氧层是地球生物免遭有害射线辐射的保护伞，它的变薄甚至出现空洞会使生物遭受过量紫外线的伤害，因此制冷剂对大气臭氧层的影响备受人们关注。

2. 温室效应

地球大气的辐射、反射、发射与吸收等本来保持着平衡关系，但由于人类的活动，大量温室气体排入大气，直接改变了大气的热量传递平衡关系，使大气变成类似于塑料大棚，阳光可以方便地透射到地面，向地面放出热量，但地面接收的热量很难再穿透大气进入太空，形成了气候不断变暖的不利趋势，即所谓的温室效应。高山雪线的上移、两极冰川的不正常加速融化都是这一现象的明证。

除氨、水等物质外，不少制冷剂都不同程度地会使气候变暖的趋势加速，助长地球的温室效应。

(三) 常用制冷剂

1. R12

R12 毒性小、不燃烧、不爆炸，是一种很安全的制冷剂，但不能接触明火。R12 极易渗透，应借助检漏仪检漏；溶水性差，需严格控制系统的含水量，膨胀阀前加设干燥器；溶矿物油，回油和启机时应采取防大量失油的措施，并注意排除渗入的不凝性气体。由于对臭氧层有破坏，并存在温室效应，R12 属于首批受禁的工质，曾广泛应用于中型空调装置和汽车空调、小型冷藏冷冻设备中。

2. R134a

R134a 的稳定性高，然而其溶水性比 R12 要强得多，但少量水分存在会产生酸，腐蚀金属，产生"镀铜"现象。解决的办法是膨胀阀前加设干燥器。R134a 对合成橡胶影响较大，特别是氟橡胶。R134a 与矿物油不相溶，系统采用多元醇酯类合成润滑油。R134a 毒性非常低、不燃烧、不爆炸，是很安全的制冷剂，但不能接触明火。其制造原料贵、工艺复杂，还要消耗大量的催化剂，价格高。R134a 已普遍用于替代 R12 制冷剂。

三、汽车空调制冷系统的工作原理

汽车空调制冷系统将车内的热量通过制冷剂在循环系统中循环转移到车外，实现车内降温，其工作情况如图 9-1 所示。制冷系统主要包括制冷剂循环系统和控制系统等部件。目前，各种车辆的制冷循环系统并无多大的区别，而控制系统在不同的车型中差别较大。

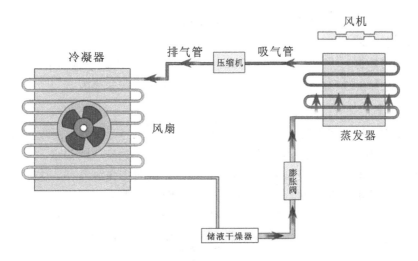

图 9-1　汽车空调制冷系统

汽车空调制冷系统的工作原理如图 9-2 所示，具体工作过程如下：

1. 压缩过程

汽车空调系统工作时，压缩机在发动机驱动下旋转，气态制冷剂从蒸发器内被吸进压缩机，压缩机将制冷剂蒸气压缩成高温高压气体后，输送给冷凝器。

压缩机将蒸发器低压侧的低温(约为 0℃)、低压(约为 0.15 MPa)的气态制冷剂压缩成高温(约 70℃～80℃)、高压(约 1.5 MPa)的气态制冷剂，送往冷凝器。

2. 冷凝过程

送往冷凝器的过热气态制冷剂，被冷凝成中温、压力为 1.0 MPa～1.2 MPa 的液态制冷剂。在这里制冷剂通过与流动大气进行交换，把制冷剂的热量散发出去，制冷剂由气态变成液态。

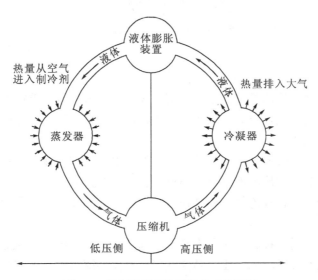

图 9-2　汽车空调制冷系统的工作原理

3. 膨胀过程

液态制冷剂通过节流装置(膨胀阀或孔管)的节流、减压作用，体积突然变大，成为低温、低压的液雾状混合物进入蒸发器。

冷凝后的液态制冷剂经过膨胀阀后体积增大，其压力和温度急剧下降，变成低温(约−5℃)、低压(约为 0.15 MPa)的湿蒸气，进入蒸发器中迅速吸热蒸发。

4. 吸热过程

液态制冷剂通过膨胀阀变为低温、低压的湿蒸气，流经蒸发器不断吸热汽化转变成低温(约为 0℃)、低压(约为 0.15 MPa)的气态制冷剂，吸收车内空气的热量。

制冷剂在蒸发器内吸收周围空气中的大量热量，由液态变成气态。这些低温、低压制冷剂又被吸入压缩机，开始下一个循环的工作，如图 9-3 所示。

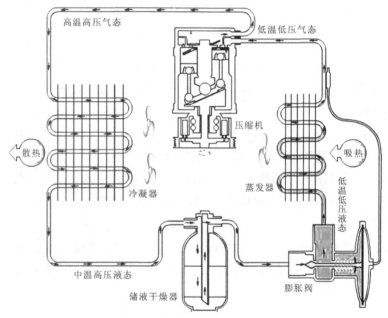

图 9-3　汽车空调制冷循环过程

四、压缩机

压缩机将来自蒸发器的低温低压气体压缩成高温高压气体，送到冷凝器。

压缩机按结构的不同，分为曲轴活塞式压缩机、斜盘活塞式压缩机、旋转贯穿叶片式压缩机和涡流式压缩机等。

压缩机由发动机曲轴通过一个电磁离合皮带轮驱动(如图 9-4 所示)。当没有通电时，该压缩机离合皮带轮自由地旋转而不使压缩机轴转动。在接通了电源时，电磁离合器线圈通电，同时该滑轮与离合器片连接，安装在压缩机轴上。磁场把离合器片和滑轮作为一个装置锁在一起以驱动压缩机轴转动。

汽车空调系统使用一种固定或变排量压缩机以使制冷剂移动，并把来自蒸发器的低压、低温制冷剂压缩成到冷凝器的高压、高温蒸气。有些压缩机不能被维修，如果有故障，则必须更换。

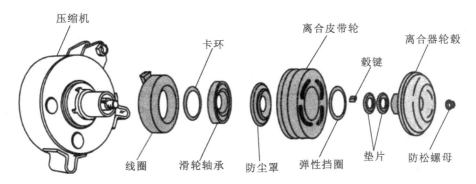

图 9-4 典型的压缩机组成

活塞运动由曲轴或常被称为摇盘的旋转斜盘驱动。有些旋转斜盘压缩机有双端活塞，如通用汽车的 DA-6；而其他的为单端活塞，如 Sanden 的 SD-5，如图 9-5 所示。

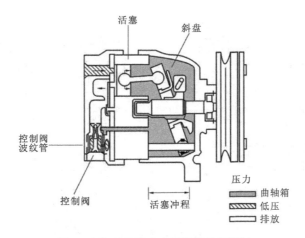

图 9-5 典型的斜盘式压缩机的剖视图

压缩机中的每个活塞都有一套簧片阀和阀板，即一个吸入阀和一个排气阀。以单缸压缩机为例，如图 9-6 所示，当一个活塞处于吸入(进气)冲程时，另一个活塞处于排气(压缩)冲程。

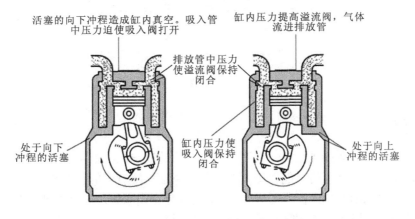

图 9-6 单缸压缩机的典型工作示意图

五、冷凝器

冷凝器位于发动机冷却散热器前面，它是一种由运送制冷剂的冷却翅片和管道构成的热交换器。冷凝器把来自压缩机的高温高压气体通过管道和翅片将其中的热量传递给冷凝器外的空气，从而使气态制冷剂冷凝成高温高压的液体，使其通过节流元件(如膨胀阀或节流管)后吸收大量热量而气化。

冷凝器中制冷剂的放热过程有降低过热、冷凝和过冷三个阶段。进入冷凝器的制冷剂是高压的过热气体，向外放出热量后，首先是降温至冷凝压力下的饱和温度，仍然是气态工质；然后在冷凝压力下，因放出热量而逐渐冷凝成液体，温度保持不变；最后继续放出热量，液态制冷剂温度下降，成为过冷液体。

冷凝器的形式如图 9-7 所示。

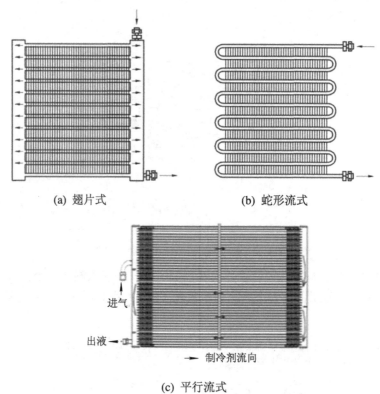

(a) 翅片式　　　　　　　　(b) 蛇形流式

(c) 平行流式

图 9-7　冷凝器的形式

六、蒸发器

蒸发器属于直接风冷式结构，它利用低温低压的液态制冷剂蒸发时吸收周围空气中的大量热量，达到车内降温的目的。蒸发器的作用原理与冷凝器的正好相反，蒸发器在空调系统运行时对进入的空气进行冷却和除湿。蒸发器是空调系统用于制冷剂蒸发吸热的部件。当空气中的热被沸腾的制冷剂吸收时，空气被强制通过和经过蒸发器管道。

七、膨胀阀

使车内空气降温的直接元件是蒸发器，即液态制冷剂在蒸发器中吸收了蒸发器管道传来的热量而蒸发成气体，通过蒸发器管道外的空气因为热量被吸走而降温成低温冷空气。这一过程发生的前提是该液态制冷剂必须在低压状态下才容易吸热蒸发，而通过冷凝器出来的液体处于高压状态，因而它必须通过节流元件减压后才能变成低压的容易蒸发的雾状体。

汽车空调系统中的节流元件主要采用热力膨胀阀，简称膨胀阀，有 F 形和 H 形两种。

八、储液干燥器

1. 储液干燥器的结构

储液干燥器被用在有一个作为计量装置的热力膨胀阀(TXV)的系统中。储液干燥器储存备用制冷剂并确保一个到该热力膨胀阀(TXV)的无蒸气液柱。储液干燥器位于冷凝器出口和计量装置入口之间的空调系统高压侧中。储液干燥器的构造分离了制冷剂蒸气和液体，从而确保了在计量装置和热力膨胀阀(TXV)中可获得 100% 的液体。

1) 储液罐部分

储液干燥器的储液罐部分是一个像储罐的储料室。该部分持有适量的确保空调系统在可变运行条件下所需的备用制冷剂。该储液罐也可确保向热力膨胀阀提供平稳的液态制冷剂流量。

2) 干燥器部分

储液干燥器的干燥器部分一般只是一个充满干燥剂的编织袋，干燥剂是一种能吸收并保持少量的水分以防止它循环通过系统的化学干燥剂。在制冷剂及制冷系统中不可避免地存在着水分，而水分的存在会引起下列后果。

(1) 腐蚀：水能促进油与制冷剂的反应，使制冷剂分解并产生酸，酸会引起破坏性腐蚀。

(2) 冰堵：水能在膨胀阀口结冰，从而影响制冷剂流动。

(3) 脏堵：水会促进淤渣的形成，并堵塞膨胀阀、塑料节流管。

(4) 镀铜现象：在 R134a 系统中，若存在水分，则有可能使铜管上的铜分子沉积到钢零件表面，造成镀铜现象，使压缩机运动部件卡死。

3) 筛网或过滤器

储液干燥器内部包括一个筛网或过滤器，其用途是防止任何遍及系统的可能在粗心的检修步骤期间已进入的碎屑循环。

2. 储液干燥器的工作情况

储液干燥器直接关系到吸收潮气的能力，在 65℃ 温度下，每 82 cm³ 的硅腔大约能吸收 100 滴水滴。当温度升高时，干燥的能力下降，因此吸潮的能力与环境温度有关。当空调系统在晚上或清晨被打开时，外界温度较低，储液干燥器将吸收这些潮气并阻止水分在系统中循环。到了白天，气温升高造成干燥剂的温度上升。当干燥剂达到饱和点后，它含有的水分有部分会释放到系统中。很小的水滴都能被收集到膨胀阀里，而且在节流孔中结冰，从而阻止制冷剂流动。

九、离合器总成的维护

1. 拆卸离合器总成

离合器总成的分解图如图 9-8 所示。

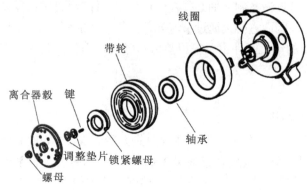

图 9-8　离合器总成的分解图

离合器总成的拆卸步骤如下：

(1) 拆卸锁紧螺母。

(2) 使用离合器毂拆卸工具，从压缩机轴上拆卸离合器(见图 9-9)。拆下并且保留调整垫片。

(3) 使用活动扳手，拆卸离合器带轮锁紧螺母。

(4) 用手从压缩机上拆下带轮和轴承总成。如果用手拆卸不下来，则使用轴保护装置和带轮拉拔器拆卸(见图 9-10)。

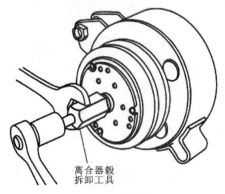

图 9-9　拆卸离合器毂方法一

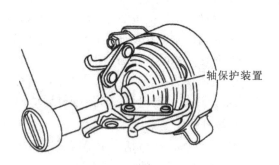

图 9-10　拆卸离合器毂方法二

(5) 从压缩机上拆下激励线圈。

(6) 清理压缩机的前部，去除所有的灰尘或者腐蚀物。

2. 更换离合器轴承

(1) 把带轮放在离合器带轮支撑块上(见图 9-11)。

(2) 使用轴承安装工具，冲出轴承。

(3) 翻转带轮，把平面一侧放在干净的板上。

(4) 把新的轴承放在带轮的轴承孔处，然后使用轴承安装工具安装轴承(见图 9-12)。

(5) 铆冲新的轴承。使用钝头的冲子在孔内侧的三个相等间距位置进行冲铆。冲铆位置不能与旧轴承冲铆位置相同。

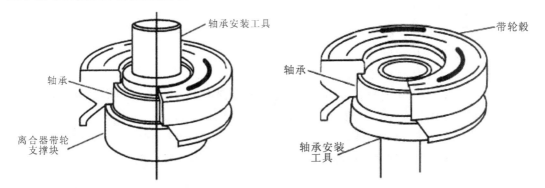

图 9-11　把带轮放在离合器带轮支撑块上　　　图 9-12　使用轴承安装工具安装新的轴承

3. 安装带轮总成

(1) 安装激励线圈。激励线圈的槽口应当套在外壳的凸片上，电器连接器应当朝向压缩机的上部。

(2) 把带轮和轴承总成安装到压缩机的前部。

(3) 往带轮锁紧螺母的螺纹上滴一滴螺纹锁止胶。

(4) 安装带轮锁紧螺母，并且使用活动扳手和扭力扳手，把锁紧螺母拧紧到 65～70 ft·lb。

(5) 确保键与离合器毂上的键槽对正，然后使用离合器毂安装工具(见图 9-13)把离合器毂和调整垫片安装到压缩机轴上。

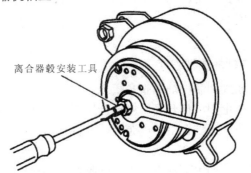

图 9-13　安装离合器毂

(6) 安装螺母，并且把螺母拧紧到 10～14 ft·lb。

(7) 在带轮一周间距相等的三个位置上，用塞尺检查气隙，并记录测量值。

(8) 把压缩机带轮转动半圈(180°)，然后重复步骤(7)。最小的间隙应当位于 0.53～0.91 mm。如果间隙大于或者小于规定值，则按照步骤(5)的要求，增减调整垫片，从而获得规定的气隙。

十、储液干燥器的拆卸和更换

储液干燥器的拆卸和更换步骤如下：

(1) 回收空调系统的制冷剂。

(2) 根据具体情况，断开低压侧和高压侧开关的电线。

(3) 拆卸储液干燥器上的入口软管和出口软管(液相管)。

(4) 根据具体情况，拆卸垫圈或者 O 形圈，并且将其废弃。

(5) 松开并拆下固定硬件。

(6) 从车辆上拆下储液干燥器。

(7) 测量储液干燥器内的润滑剂数量；在新蒸发器内加入等量清洁的和新鲜的润滑剂。

(8) 根据具体情况，拆下干燥器上的压力开关，废弃垫圈或者 O 形圈。

(9) 按照步骤(2)、(3)和步骤(5)～(7)的相反顺序，安装新的储液干燥器。

(10) 对空调系统进行渗漏检测、抽真空和加注制冷剂。

十一、制冷剂的系统回收与加注

(一) 制冷剂的系统回收

1. 将空调系统准备在制冷剂被回收状态

(1) 把歧管压力表组连接到系统上。

(2) 起动发动机，并且使其转速达到 1250～1500 r/min。

(3) 为了使系统稳定，把所有的空调控制装置设定到最大制冷位置，并且使增压器位于 HI 位置。

(4) 把发动机的转速减小到 1000～1200 r/min，并且使发动机运转 15 min。

(5) 使发动机转速恢复到正常转速，防止出现熄不了火的现象。

(6) 关闭空调控制装置。

(7) 关闭发动机。

2. 从系统中回收制冷剂的典型程序

(1) 把歧管压力表组连接到制冷剂回收系统上。

(2) 打开所有软管的截止阀，打开高压侧和低压侧的歧管手动阀。

(3) 把制冷剂回收系统连接到合格的电源上，并打开电源。

(4) 打开回收开关。

(5) 使回收系统运转，直到出现真空压力，回收系统将自动关闭。若无自动关闭装置，则在达到真空压力以后，关闭压缩机开关。

(6) 至少观察压力表 5 min。如果真空没有升高，则表明完成了制冷剂回收；如果真空升高，并且保持在 0 psig 或者更低，则表明系统存在泄漏。完成制冷剂回收，并且必须维修系统。

(7) 如果真空升高到正的压力，即大于 0 psig(0 kPa)，则表明系统中的制冷剂没有完全去除。从步骤(2)的程序开始，重复进行回收程序。

(8) 重复步骤(4)，直到系统保持在稳定的真空状态至少 2 min。

(9) 从系统中回收了所有的制冷剂以后，关闭所有的阀，即关闭维护软管截止阀、低压侧和高压侧歧管阀以及回收系统入口阀。

(10) 从系统维护阀或者接头上，拆下所有软管，并盖上所有的接头和软管。

(二) 制冷剂的系统加注

制冷剂加注过程中，给出了汽车空调系统加注的三种典型方法：当系统停止时，从磅罐进行加注；当系统运转时，从磅罐进行加注；从散装源进行加注。

1. 操作制冷剂时，必须遵守的补充安全措施

(1) 不允许故意吸入制冷剂。

(2) 不允许在制冷剂容器上使用火焰。

(3) 不允许把电阻加热器靠近制冷剂容器。

(4) 不允许滥用制冷剂容器。

(5) 不允许使用钳子打开或者关闭制冷剂阀，只能使用合格的扳手操作。

(6) 不允许在没有合适眼睛防护装置的情况下，操作制冷剂。

(7) 不允许把制冷剂排入密闭的区域。

(8) 不允许把制冷剂暴露在明火中。

(9) 不允许把制冷剂钢瓶平放，制冷剂容器只能竖直存放，用链子固定大的钢瓶，防止钢瓶翻倒。

2. 把磅罐放液阀安装在磅罐上

在使用磅罐维护系统以前，应当完成以下程序：

(1) 确保磅罐放液阀柱位于完全逆时针方向。

(2) 把磅罐放液阀连接到磅罐上；如果有自锁螺母，则用自锁螺母锁紧磅罐放液；如果安装了卡环，则用卡环固定磅罐放液阀。

(3) 确保歧管维护软管截止阀是关闭的。

(4) 把歧管维护软管连接到磅罐放液口上。

(5) 顺时针转动磅罐放液阀柱，刺入磅罐中。

(6) 逆时针方向拧出磅罐放液阀。

(7) 用制冷剂填充中心(维护)软管到截止阀，并且歧管和截止阀之间的中心软管处于真空状态。

3. 检查系统是否堵塞

当从磅罐为系统进行加注时，应当完成以下程序：

(1) 打开维护软管截止阀。

(2) 如果预先没有做，则完全打开磅罐放液阀。

(3) 打开高压侧压力表歧管手动阀。

(4) 观察低压侧压力表。如果低压侧压力表没有从真空范围移动到压力范围，则表明系统存在堵塞。如果系统没有堵塞，则进行步骤(5)。如果系统存在堵塞，则在进行步骤(5)以前，校正堵塞，并且抽真空。

(5) 倒置容器，使得液态制冷剂进入系统。

(6) 轻敲制冷剂容器的底部。空的磅罐会产生中空的回响声。

(7) 使用回收装置去除空磅罐中残留的制冷剂。

(8) 当把更多的磅罐制冷剂加注到空调系统中时，重复步骤(5)～(7)。系统的容积可查阅制造商的技术参数。

任务2　汽车空调控制系统的检修

为了保证汽车空调系统的正常工作，维持车内所需要的温度，汽车空调系统除了前面介绍的压缩机、蒸发器等部件以外，还具有一整套的控制系统，如温度控制、送风量控制、制冷剂的温度控制、压力控制、流量控制、电路及微型计算机控制等。另外，为了保护汽车空调系统能正常工作，在一些特殊情况下空调系统内还设有保护装置和保护电路。此外，汽车安装了空调系统，特别是对于非独立式空调系统，需要消耗发动机的动力和电源，这将影响发动机的动力性和经济性。为了保证汽车各种工况都能不受空调影响，还必须设置汽车工况控制装置。

汽车空调控制系统通常由一个总的电源开关、鼓风机控制装置、鼓风机电动机、离合器线圈以及熔断器或断路器组成，如图9-14所示。厂装的空调和暖风装置系统更加复杂，如图9-15所示(实际上，为了能在一页中显示，本例中的原理图已被简缩)。

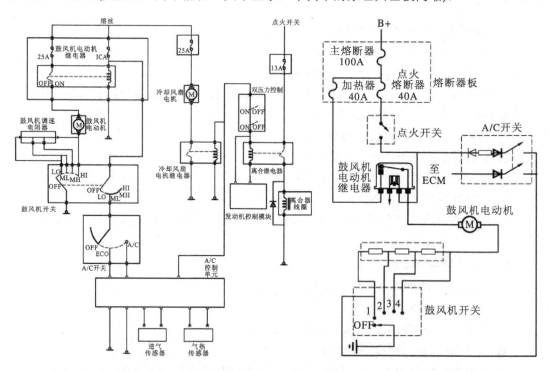

图9-14　典型的空调控制系统电气原理图　　　图9.15　厂装的空调和暖风装置系统原理图

空调和暖风装置系统是一体的，并且经常共享熔断器和断路器。在厂装的系统中，鼓风机电动机同时充当暖风装置和空调。与供暖和冷却系统相关的电气电路，例如那些用在发动机过热状况报警的电路，也可以是电气系统原理图的一部分。

一、汽车空调电路分析

由于车型不同，车内所装的空调系统也有所不同，即空调系统的电路形式、功能、控制原理各不相同，因此空调系统控制电路由简单到复杂，由单一功能控制到多功能控制也有所不同，但是其电气系统都有一定的规律可循。汽车空调系统有鼓风机、冷凝器、压缩机、膨胀阀等主要部件，所以在分析电路时，只要将其分成鼓风机的控制、冷凝器冷却风扇的控制、压缩机电磁离合器的控制、通风系统的控制、保护电路等即可清楚地了解空调系统的电路控制原理。

1. 鼓风机的控制

汽车空调系统的蒸发器采用直接蒸发式的结构，这种结构由换热器和鼓风机组成。鼓风机将车内的空气吸出，强制气流流过蒸发器空气侧，气流将蒸发器制冷器侧液态制冷剂蒸发时产生的冷量带入车内。

蒸发器转速器的作用是调节蒸发器供风量的大小。扳动鼓风机开关位置，可以调节鼓风机转速，从而调节供风量的大小。

1) 由鼓风机开关和调速电阻联合控制

鼓风机控制挡位一般有二、三、四、五速四种，最常见的是四速。如图 9-16 所示，通过改变鼓风机开关与调速电阻接通方式可令鼓风机以不同转速工作。当鼓风机开关处于 I 位置时，至电动机电流须经过三个电阻，鼓风机以低速运转；当鼓风机开关调至 II 位置时，至电动机电流须经过两个电阻，鼓风机以中低速运转；当鼓风机开关拨至 III 位置时，至电动机电流只经过一个电阻，鼓风机以中高速运转；当鼓风机开关选定 IV 位置时，电路中不串联任何电阻，加至电动机的是电源电压，鼓风机以最高速运转。

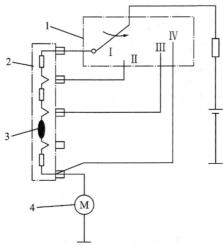

1—鼓风机开关；2—调速电阻；3—限位开关；
4—鼓风机电动机

图 9-16　鼓风机调速控制电路

2) 由大功率晶体管控制

现代中高档轿车为实现风速的自动控制，鼓风机的转速一般由电控模板通过大功率晶体管控制，其控制原理如图 9-17 所示。

功率组件控制鼓风机的运转，它把来自程序机构的鼓风机驱动信号放大，放大器的输出信号根据车内情况，按照指令提供不同的鼓风机转速。当车内温度比所选定的温度高很多时，在空调工作状态下，鼓风机将高速运转；而当车内温度降低时，鼓风机速度又降为低速。相反，当车内温度比所选定的温度低得多时，在加热状态下，鼓风机将被起动为高速；而当车内温度上升后，鼓风机速度降为低速。

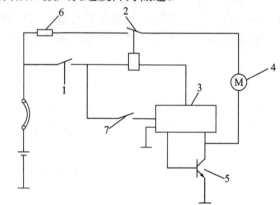

1—点火开关；2—加热继电器；3—空调放大器；4—鼓风机电动机；
5—晶体管；6—熔丝；7—鼓风机开关

图 9-17 由大功率晶体管控制的鼓风机电路

3) 由晶体管与调速电阻器联合控制

鼓风机控制开关有自动(AUTO)挡和不同转速的手动调速模式，如图 9-18 所示。当鼓风机转速控制开关设定在 AUTO 挡时，鼓风机的转速由空调电脑根据车内、车外温度及其他传感器的参数控制。若按动人工选择模式开关，则空调电路取消自动控制功能，执行人工设定功能。

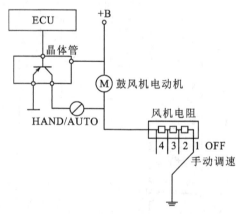

图 9-18 晶体管与调速电阻器联合控制

2. 冷凝器冷却风扇的控制

汽车空调系统的冷凝器将车内的热量排向大气，其结构也是由换热器和鼓风机组成的。对于一般的小型客车和大中型客车，由于车辆底盘结构跟轿车有很大的不同，其冷凝器一般不装在水箱前，故冷凝器冷却风扇须单独设置，一般只受空调开启信号控制。轿车空调的冷凝器一般都装在水箱前，为了减少风扇的配置，使结构简化，轿车在设计上一般都将水箱冷却风扇和冷凝器冷却风扇组装在一起，利用一个或两个风扇对水箱和冷凝器进行散热。车型不同，配置风扇的数量不同，控制线路设计方面差异也很大，但其控制方式大同小异，一般都是由水温信号和空调信号共同控制，同时满足水箱散热和冷凝器散热需要。

下面对一些较典型的冷凝器散热风扇电路进行分析。

1) 由空调开关直接控制

由空调开关直接控制的冷凝器冷却风扇电路比较简单，其控制原理如图 9-19 所示。将 A/C 开关拨至"ON"位置，在供电给压缩机电磁离合器的同时，加电源至冷凝器风扇继电器线圈，继电器触点开关闭合，冷凝器冷却风扇高速运转。

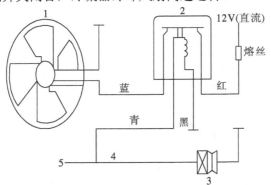

1—冷凝器风机；2—冷凝器风扇继电器；3—电磁离合器；
4—温度控制器；5—接A/C开关

图 9-19　由空调开关直接控制的冷凝器冷却风扇电路

2) 由空调开关和水温开关联合控制

有些汽车的发动机冷却系统和冷凝器共用一个风扇进行散热，如图 9-20 所示。这种风扇有两种转速，即低速和高速。风扇电动机转速的改变是通过改变线路中电阻值的方法实现的。从图中可看出，起关键控制作用的是空调开关和水温开关。当空调开关打开时，继电器通电工作。由于线路中串联了一个电阻，风扇低速运转。当冷却系统水温达到 89℃～92℃时，水箱风扇也是低速运转；一旦发动机水温升至 97℃～101℃，水箱风扇便高速运转，以加强散热效果。

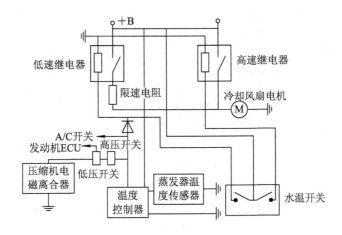

图 9-20　汽车水箱风扇电动机转速控制电路

3) 由制冷剂压力开关与微电脑联合控制

多数高级轿车都采用由制冷剂压力开关与微电脑联合控制的控制方式。如图9-21所示，两个散热风扇有三种不同的运转工况。

(1) 空调开关已接通，但制冷剂压力未达到 1.81 MPa 时，只有辅助散热风扇电动机运转。

(2) 一旦制冷剂压力达到 1.81 MPa，主、辅散热风扇电动机同时运转。

(3) 无论空调开关是否接通，只要发动机水温达到 98℃以上，主散热风扇电动机高速运转。

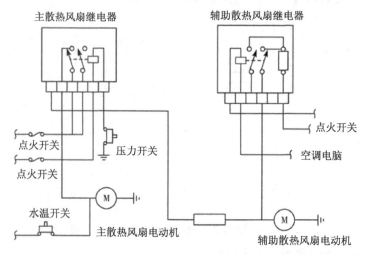

图 9-21　由制冷剂压力开关与微电脑联合控制的冷凝器冷却风扇电路

丰田公司在部分 1UZ-FE 和 1MZ-FE 发动机上采用了电控液压电动机冷却风扇系统，用于凌志 300、凌志 400、佳美 3.0L 等车型，与一般的电控风扇系统有较大差异。如图 9-22 所示，在此系统中，风扇电脑通过电磁阀控制作用在液压电动机上的油液压力，即可根据发动机工况和空调状态而自动控制冷却风扇的转速。

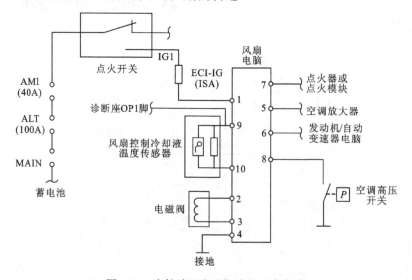

图 9-22　电控液压电动机冷却风扇电路

电控液压电动机冷却风扇系统的工作过程如下：

油泵单独设计或与动力转向泵组合为一体由传动带驱动建立一定油压，受电脑控制。电磁阀调节从油泵到液压电动机的油量，该液压电动机直接驱动冷却风扇，已通过液压电动机的压力油回到油泵。

3. 压缩机电磁离合器的控制

1) 压缩机的控制方式

压缩机的控制方式根据控制开关的位置分为电源控制方式(见图 9-23(a))和搭铁控制方式(见图 9.23(b))。电源控制方式是由开关直接控制电源，当开关闭合时，瞬间产生的大电流流经开关至执行器构成的回路，长期工作后容易造成触点烧蚀，所以现在大多数轿车均不采用这种控制方式。而搭铁控制方式是由开关控制继电器线圈的回路，这种控制方式的优点是以小电流信号控制大电流通断，可有效地防止触点烧蚀，目前大多数轿车采用这种控制方式。

2) 压缩机工作时机的控制

压缩机工作时机的控制方式分为三种：手动空调压缩机的控制、半自动空调压缩机的控制、全自动空调压缩机的控制。

(1) 手动空调压缩机的控制：如图 9-23(b)所示，手动空调压缩机工作的必备条件是空调开关(A/C 开关)闭合、调温开关闭合、压力开关闭合、鼓风机电动机开关闭合。此时压缩机电磁离合器继电器(冷气继电器)工作，蓄电池电源才能提供给压缩机电磁离合器线圈。

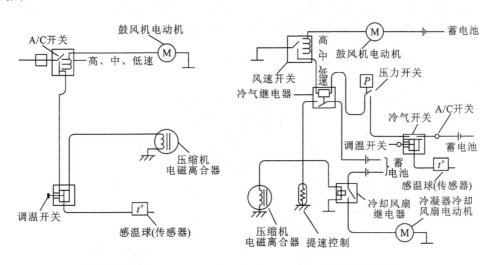

(a) 电源控制方式　　　　　　　　(b) 搭铁控制方式

图 9-23　压缩机的控制方式

(2) 半自动空调压缩机的控制：如图 9-24 所示，半自动空调压缩机工作的必备条件是空调开关闭合、温度开关(热敏电阻)工作、压力开关闭合、鼓风机开关闭合、发动机转速信号、压缩机转速信号、制冷剂温度开关闭合。当点火开关和鼓风机开关接通时，加热器继电器就接通。如空调器开关此时接通，则压缩机电磁离合器继电器由空调器放大器接通，从而使压缩机电磁离合器接合，压缩机工作。

在下述情况下，压缩机电磁离合器脱开，压缩机被关掉：

① 鼓风机开关位于 OFF(断开)时，加热器继电器断开，电源不再传送至空调器。

② 空调器开关位于 OFF(断开)时，空调放大器(用于控制压缩机电磁离合器继电器)的主电源被切断。

③ 蒸发器温度太低时，如蒸发器表面温度降至 3℃(370 F)或以下，空调放大器的电源被切断。

④ 双重压力开关位于 OFF(断开)时，如制冷回路高压端压力极高或极低，这一开关便断开。空调放大器检测到这一情况，就切断压缩机电磁离合器继电器。

⑤ 压缩机锁止时，即压缩机与发动机转速差超过一定的值时，空调放大器会判断压缩机已锁止，并切断压缩机电磁离合器继电器。

图 9-24　半自动空调压缩机工作电路示意图

(3) 全自动空调压缩机的控制：全自动空调压缩机一般由发动机电脑控制。

二、典型汽车空调电路实例分析

如图 9-25 所示为上海桑塔纳轿车空调系统电路图，它由电源电路、电磁离合器控制电路、鼓风机控制电路和冷凝器冷却风扇电动机控制电路组成。

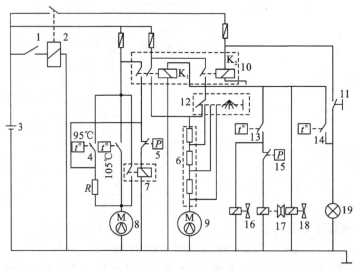

1—点火开关；2—减负荷继电器；3—蓄电池；4—冷却液温度开关；5—高压保护开关；
6—鼓风机调速电阻；7—冷却风扇继电器；8—冷却风扇电动机；9—鼓风机；10—空调继电器；
11—空调开关(A/C)；12—鼓风机开关；13—蒸发器温控开关；14—环境温度开关；
15—低压保护开关；16—怠速提升真空转换阀；17—电磁离合器；18—新鲜空气翻板电磁阀；
19—空调开关指示灯

图 9-25　上海桑塔纳轿车空调系统电路图

（1）新鲜空气翻板电磁阀电路接通，该阀动作，接通新鲜空气翻板电磁阀的真空通路，使新鲜空气进口关闭，制冷系统进入车内空气内循环。

（2）经蒸发器温控开关、低压保护开关对电磁离合器线圈供电，同时电源还经蒸发器温控开关接通化油器的怠速提升真空转换阀，提高发动机的转速，以满足空调动力源的需要。

（3）对空调继电器中的线圈 K_1 供电，使两对触点同时闭合，其中一对触点接通冷凝器冷却风扇继电器线圈电路，另一对触点接通鼓风机电路。

三、故障检查的基本方法

1. 压缩机离合器和鼓风机都不工作

当压缩机离合器和鼓风机都不工作，系统不制冷，也无空气流过蒸发器时，应检查压缩机和鼓风机共用的电源线路，检查方法如图 9-26 所示。

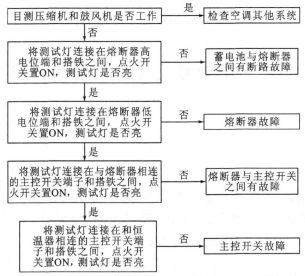

图 9-26　压缩机离合器和鼓风机都不工作的故障检查方法

2. 只有压缩机离合器工作

当只有压缩机离合器工作，鼓风机不运转，无空气流动时，应检查鼓风机及其控制电路，故障检查方法如图 9-27 所示。

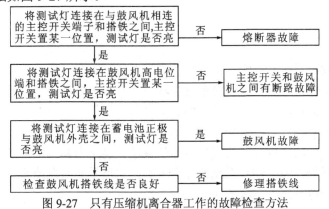

图 9-27　只有压缩机离合器工作的故障检查方法

3. 只有鼓风机工作

当只有鼓风机工作，压缩机不运转，系统不制冷时，应检查压缩机及其控制电路，故障检查方法如图 9-28 所示。

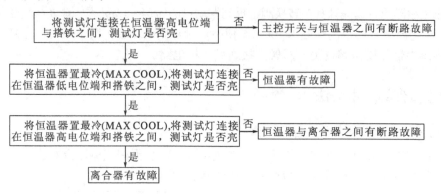

图 9-28　只有鼓风机工作的故障检查方法

任务 3　汽车空调系统常见故障的诊断与排除

【情境导入】

客户报修：

车主张先生来到汽车 4S 店反映，他的奥迪 A6 轿车，发动机排量为 2.6 L，本来空调工作正常，突然出现空调不制冷的现象。该车已行驶 1800 km。作为汽车空调维修技术人员，接到此类汽车空调检修任务，要求了解汽车空调系统的常见故障，能对其进行诊断及排除，制定维修计划，得到经理确认后，完成此任务，提交一份分析报告并归档。

故障原因分析：

(1) 电路开磁、鼓风机开关、鼓风机电机是否有故障。

(2) 压缩机线圈和电磁阀是否开路或接地不良及连接是否松动。

(3) 压缩机连接装置是否松动。

(4) 压缩机内部漏气，止回阀和缸盖垫片漏气，压缩机活塞、活塞环或气缸过度磨损等。

【理论引导】

汽车空调的制冷系统是一个完全密封的循环系统，其中任何一个零部件出现故障都会使汽车空调系统不能正常运行。制冷系统出现故障时，不能随便拆卸其中的零部件。作为汽车空调维修技术人员，掌握常见故障的分析判断方法是很重要的，虽然不同的空调系统维修作业时的具体修理技术及修理方法有所不同，但故障的原因及分析方法大同小异。根据这些判断及分析方法，可以较快找到故障的症结，制定出具体的修理方案。汽车空调常见的故障有暖风系统故障、制冷系统故障两大类，这里主要对制冷系统的不制冷故障、制冷不足故障以及制冷系统噪声故障进行分析。

一、系统不制冷故障诊断

起动发动机，打开空调开关及鼓风机开关，将温度设置在较低的位置，如出风口无冷风吹出，应从电气和机械两个方面去分析故障原因。

1. 电气方面故障

系统不制冷主要是指压缩机未工作。压缩机电磁离合器基本控制电路主要是由空调 A/C 开关、高压开关、低压开关及温控器组成的串联电路，只要有一个元件发生故障，空调压缩机就要停止工作。排除故障时应做如下检查：

(1) 检查压缩机主电路及其控制电路熔丝是否熔断，若熔断，应用万用表电阻挡分段检查相关线路对地电阻，找出线路中非正常搭铁点，排除故障。

(2) 拔下压缩机电磁离合器线束插头，直接将电源正极连到电磁离合器线圈电路接头上，若离合器工作，则说明离合器正常，否则更换或维修电磁离合器。

(3) 检查电路中的 A/C 开关(风扇调速开关)、高压开关、低压开关、冷气继电器触点及温控器等，用短路法在接通电源时，分别短接所要检查的开关，如短接某开关时空调离合器工作，则说明该开关有故障。

2. 机械方面故障

(1) 压缩机驱动皮带断了，压缩机停止工作。

(2) 制冷系统堵塞，制冷剂无法循环，导致系统不制冷。用歧管压力表检测系统内压力，如果低压侧压力很低，高压侧压力很高，则系统最可能产生堵塞的部位是储液干燥器和膨胀阀。

(3) 膨胀阀感温包破裂，内部液体流失，造成膨胀阀膜片上方压力为零，阀针在弹簧力作用下将阀孔关闭，制冷剂无法流向蒸发器，因此，系统无法制冷。感温包破裂后，膨胀阀一般要换新件。

(4) 系统内制冷剂全部泄漏。用歧管压力表测系统压力，若高、低压侧压力都很低，则说明制冷剂已经泄漏，应用测漏仪详细检查确定其泄漏部位，进行修复。修复后要对系统抽真空，然后按规定加足制冷剂及冷冻润滑油。

(5) 压缩机进、排气阀片损坏，制冷剂无法循环。用歧管压力表检测系统内压力，若高、低压侧压力接近相等，则说明阀片损坏。阀片损坏后，要拆卸压缩机进行修理或更换新件。

二、系统制冷不足故障诊断

1. 制冷剂和冷冻润滑油原因

(1) 系统内制冷剂不足。制冷剂不足，从膨胀阀喷入蒸发器的制冷剂减少，使蒸发器蒸发时吸收热量减少，故系统制冷能力下降。当诊断制冷剂不足时，可以从视液镜中看到偶尔冒出的气泡，说明制冷剂稍少，如果出现明显的翻腾气泡，则说明制冷剂缺少很多。

(2) 制冷剂注入量过多。制冷剂多，所占容量大，影响散热效果。因为制冷效果和散热效果是热力学吸热和放热的两个过程，所以散热不好将直接影响制冷效果。如果从视液镜中看不到气泡，制冷系统高、低压两侧压力都提高，可用歧管压力表排出多余的制冷剂。

(3) 制冷剂和润滑油中含有脏物。由于脏物较多，在过滤器滤网上出现堵塞现象，使制冷剂流量减少，影响制冷效果。用手摸干燥器两端，正常情况是没有温差的，如感觉温差明显，则说明干燥器堵塞，可用歧管压力表检测，如高压侧压力过高，低压侧压力过低，则说明高压侧有堵塞，否则说明干燥器堵塞，需更换。

(4) 制冷剂含有空气。空气是导热不良物质，在系统压力和温度下，它不能溶于制冷剂，制冷剂中混有空气影响系统散热；有些空气随制冷剂在系统中循环，使膨胀阀喷出的制冷剂量下降，导致制冷能力下降。当制冷剂通过膨胀阀节流孔时，由于其压力和温度迅速下降，空气中的水分在膨胀阀小孔处产生"冰阻"现象。停机一会儿，待冰融化后系统又恢复工作，这种情况须抽真空重新注制冷剂。

2. 机械方面原因

(1) 压缩机工作性能下降。压缩机工作性能下降的故障及诊断修理方法如下：

① 高压侧压力偏低，低压侧压力偏高，可诊断为压缩机漏气。原因为压缩机使用时间较长，由于气缸及活塞磨损，使气缸间隙增大及进、排气阀片关闭不严，从而造成漏气，使压缩机实际排气量远小于理论排气量。解决方法是更换压缩机。

② 压缩机驱动带松弛，工作时打滑，传动效率低。如有同步传感器的空调控制系统，可自动监控压缩机转速与发动机转速是否比例恒定，如超过某差值，将自动切断压缩机电磁离合器电路。解决方法是调紧驱动带。

③ 电磁离合器压板与带轮的结合面磨损严重或有油污，工作时出现打滑。如电磁离合器线路电阻过大或供电电压太低也会因电磁离合器线圈吸力不足而造成离合器打滑。解决方法是观察离合器压板与带轮的间隙是否均匀，压板是否扭曲，如无法维修，则更换离合器。

(2) 冷凝器散热性能下降。冷凝器表面有污泥，被杂物覆盖或堵塞，翅片变形以及冷却风扇驱动带松弛或转速过低等，都会使冷凝器散热性能下降。解决方法是调整驱动带张力，清除冷凝器表面污物及覆盖物，修整好弯曲的翅片。

(3) 出风口吹出的冷气量不足。蒸发器表面结霜或鼓风机转速下降，都会使出风口吹出的冷气量不足。解决方法是检查鼓风机调速开关、鼓风机电动机、鼓风机继电器等电路。

三、制冷系统有噪声故障诊断

(1) 制冷剂过量引起的高压管、压缩机的敲击声，此时应排放制冷剂，直至高压侧显示值正常为止。

(2) 制冷剂不足引起蒸发器进口处出现"嘶嘶"声，此时应查清有无泄漏，如有泄漏，则补漏，然后加足制冷剂。

(3) 制冷系统水分过量故障，此时应更换干燥器，排出原制冷剂，系统再次抽真空，充注制冷剂。

(4) 压缩机和电磁离合器异响的主要原因如下：

① 尖叫声。尖叫声主要由离合器结合时打滑发出，或者由于皮带过松或磨损引起。

② 振动。压缩机的振动以及轴的振动是异响的来源之一，应检查其支撑是否断裂，紧固螺栓是否松动。引起压缩机振动的还有皮带张力过紧或皮带轮轴线不平行等。压缩机的轴承磨损过大，也会引起轴的振动。皮带轮轴承润滑不良，会引起异响。

四、空调系统异响或振动故障的诊断及排除

1. 故障现象

空调系统工作时发出异常的声响或出现振动。

2. 故障原因

(1) 压缩机驱动皮带松动、磨损过度，皮带轮偏斜，皮带张紧轮轴承损坏等。

(2) 压缩机安装支架松动或压缩机损坏。

(3) 冷冻机油过少，使配合副出现干摩擦或接近干摩擦。

(4) 间隙不当、磨损过度、配合表面油污、蓄电池电压低等原因造成电磁离合器打滑。

(5) 电磁离合器轴承损坏，线圈安装不当。

(6) 鼓风机电动机磨损过度或损坏。

(7) 系统制冷剂过多，工作时产生噪声。

3. 故障诊断与排除

空调系统异响或振动的故障诊断流程如图 9-29 所示。

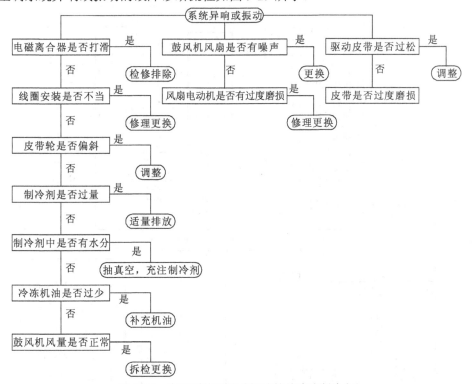

图 9-29 空调系统异响或振动的故障诊断流程

【拓展知识】

微型计算机空调的自动控制系统

微型计算机空调的自动控制系统不仅能按照乘员的需要送出温度、湿度最舒适的风，

而且还可以根据实际需要调节风速、风量。由于自控，它还极大地简化了乘员的操作。

微型计算机空调的自动控制系统一般具有空调控制、节能控制、安全报警、故障诊断、储存、多信息数字显示等功能。

由于微型计算机空调的自动控制系统具有高度自动化、可靠性、经济性、舒适性和安全性等优点，所以这类汽车空调系统日益普及。

一、微型计算机空调的自动控制系统结构原理

1. 结构组成

微型计算机空调的自动控制系统包括硬件部分和软件部分，如图 9-30 所示。硬件部分中的主机负责计算、记忆、判断、计时。I/O 接口设备中的模拟开关和 A/D 转换器输入到主机中，执行空调器的一些主要功能以及进行监控。在主机的接口上增加了一个辅助计算机系统，其实这是一个过程控制程序的应用软件系统，它控制着空调系统的制冷、制热、风门、风向、流速和温度等。

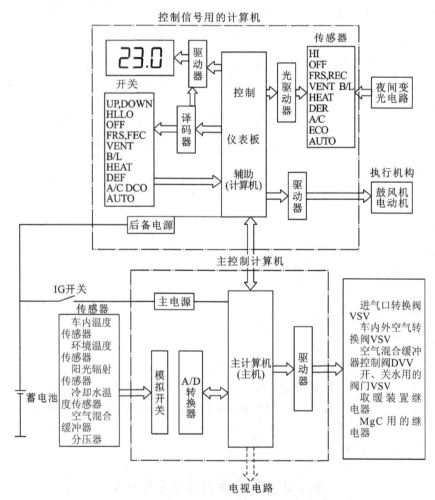

图 9-30　微型计算机空调的自动控制系统的组成和接口

从图中可以知道，微型计算机可单独地接收和计算各种传感器输入的信号，以及对控制信号的反馈进行迅速的计算、记忆、判断、计时，然后发出各种指令，驱动各执行机构工作。

微型计算机空调的自动控制系统如图9-31所示。它主要由电子控制系统、配气系统和面板控制三部分组成。其中电子控制系统主要由传感器、ECU和执行器三部分组成，ECU可以接收和计算各种传感器输入的信号，能根据环境的变化迅速发出信号，控制各执行器的动作。

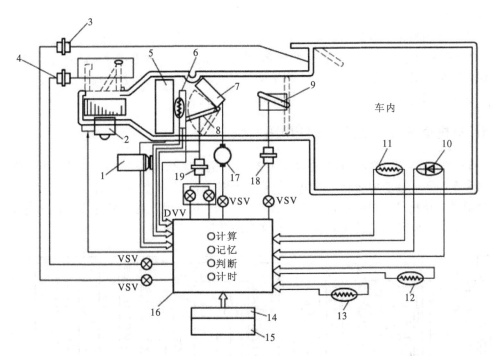

1—压缩机；2—鼓风机；3—上风口真空驱动器；4—外来空气口真空驱动器；5—蒸发器；
6—蒸发器温度传感器；7—加热器芯；8—调温门；9—吹出风口；10—车内温度传感器；
11—阳光辐射传感器；12—环境温度传感器；13—冷却水温度传感器；14—触摸开关；
15—预定温度键；16—微型计算机；17—热水阀真空驱动器；18—真空驱动器；
19—反馈电位器；VSV—真空转换阀；
DVV—DVC + DVH(降温真空电磁阀 + 升温真空电磁阀)

图9-31 微型计算机空调的自动控制系统

2. 传感器信号

传感器的信号主要包括以下几种：
(1) 车内温度传感器、环境温度传感器、阳光辐射温度传感器输入的信号。
(2) 驾驶员面板设定的温度信号和功能选择信号。
(3) 油分压器检测出调温门的位置信号、蒸发器温度传感器信号、冷却水温度传感器信号。

3. 执行信号及执行器信号

执行信号及执行器信号主要包括以下几种：

(1) 驱动各种风门的伺服电动机或真空驱动器输送的信号。

(2) 控制鼓风机电动机转速的电压调节信号。

(3) 控制压缩机开停信号。

微型计算机是根据上面这些信号进行计算、比较、判断，并发出工作指令和各种警告信息的。

4. 控制原理

微型计算机空调的自动控制系统是根据温度平衡方程式进行控制的。输入设定电阻为 K，车内温度电阻为 A，车外大气温度电阻为 B，驾驶员设定的温度电阻为 C，阳光辐射、环境、节能修正量的温度电阻为 D，则它的平衡方程式为 $K=A+B+C+D$。根据这个方程式进行计算、比较、判断后发出指令，让执行机构实施动作。

二、微型计算机空调的自动控制系统电路实例

如图 9-32 所示为丰田 LS400 轿车空调控制系统电路原理图。该系统利用各种传感器随时监测车内和车外环境温度的变化，并把信号输入到空调 ECU 即空调电脑，经过 ECU 处理后，通过伺服电动机等，对鼓风机转速、出风温度、送风方式及压缩机的工作状况进行调节，使车内温度、空气湿度及流动状况保持在驾驶员设定的水平。

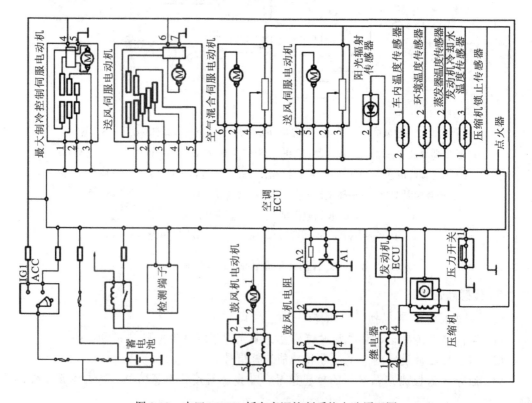

图 9-32　丰田 LS400 轿车空调控制系统电路原理图

思 考 与 练 习

一、选择题

1. 外平衡式膨胀阀膜片下方的压力来自于(　　)。

A．蒸发器入口　　　　　　　　B．蒸发器出口　　　　　　　　C．压缩机出口

2. 蒸发器出口处的制冷剂应(　　)。

A．全部气化　　　　　　　　　B．部分气化　　　　　　　　　C．全部液化

3. 膨胀管式制冷系统中的集液器应安装在(　　)。

A．冷凝器与膨胀管之间　B．膨胀管与蒸发器之间　C．蒸发器与压缩机之间

4. 在加注制冷剂时，如果以液体的方式加入，(　　)。

A．只能从低压侧加入

B．只能从高压侧加入

C．既可以从低压侧加入，也可以从高压侧加入

5. 空调在运行中，如果低压表指示过高，高压表指示过低，则说明(　　)。

A．蒸发器有故障　　　　　　　B．膨胀阀有故障　　　　　　　C．压缩机有故障

6. 如果低压开关断开，导致压缩机电磁离合器断电，原因可能是(　　)。

A．制冷剂过量　　　　　　　　B．制冷剂严重不足　　　　　　C．鼓风机不转

7. 如果发动机冷却水温度过高，空调的控制电路可(　　)。

A．自动接通冷凝器风扇电路

B．自动切断压缩机电磁离合器电路

C．自动切断鼓风机电路

8. 蒸发压力调节器的作用是(　　)。

A．防止膨胀阀结冰　　　　B．防止制冷剂流量过大　　C．防止蒸发器结霜

9. 如果压缩机电磁离合器不工作，可能的原因是(　　)。

A．环境温度过高　　　　　　　B．膨胀阀结冰　　　　　　　　C．制冷剂严重缺乏

10. 如果制冷循环系统的制冷剂不足，接上压力表后会显示(　　)。

A．高、低压表均显示压力过高

B．高、低压表均显示压力过低

C．高压表显示压力低，低压表显示压力高

二、判断题

1. 冷凝器的作用是将制冷剂从气体转变为液体，同时放出热量。　　　　　　(　　)

2. 热力膨胀阀在制冷负荷增大时，可自动增加制冷剂的喷出量。　　　　　　(　　)

3. 冷凝器冷却不良时，可能会造成高压管路中压力过高。　　　　　　　　　(　　)

4. 空调系统中除霜装置的作用是防止汽车的前挡风玻璃结霜。　　　　　　　(　　)

5. 空调系统正常工作时，低压侧的压强应在 0.15 MPa 左右。　　　　　　　(　　)

6. 在制冷系统抽真空时，只要系统内的真空度达到规定值，即可停止抽真空。(　　)

7. 离合器节流管系统与离合器恒温膨胀阀系统的不同之处在于，前者用节流管代替了

膨胀阀。　　　　　　　　　　　　　　　　　　　　　　　　　　　　　（　　）

8．蒸发器的作用是将压缩机送来的高温、高压制冷剂蒸气液化或冷凝，从而得到高压制冷剂液体。　　　　　　　　　　　　　　　　　　　　　　　　　　　　（　　）

三、简答题

1．空调制冷循环系统中有水分，开启空调开关后会有什么现象？为什么？

2．采用热敏电阻或蒸发器温度开关的空调系统是否需要安装 EPR 阀？

3．在蒸发器入口处的制冷剂压力大还是出口处的压力大？在蒸发器出口处压力相同时，内平衡式膨胀阀的制冷剂流量大还是外平衡式膨胀阀的制冷剂流量大？分别适用什么车型？

4．压缩机上不安装电磁离合器会怎样？

5．简述膨胀阀和膨胀管制冷循环的异同点。

项目十　全车电路分析

【知识目标】

(1) 掌握汽车电路的基本元件及汽车电路图的种类。

(2) 掌握汽车电路图识图的基本方法。

【技能目标】

(1) 能根据全车电路分解汽车电器各组成系统的电路。

(2) 能根据整车电路图分析查找汽车电器各系统的故障。

任务1　汽车电路分析基础知识

一、汽车电路的基本元件

汽车电路的基本元件主要指导线、线束、熔断器、插接器、开关装置和继电器等，它们是汽车电路的基本组成部分。

1. 导线

汽车电气设备的连接导线一般由铜制多丝软线外包绝缘层构成，分为低压导线和高压导线两种。高压导线主要是指点火系统次级电路中连接点火线圈、配电器和火花塞之间的导线；其他元件之间的导线是低压导线。

1) 低压导线

为了充分发挥连接导线的作用，降低成本，低压导线的截面积有多种规格。

低压导线的截面积主要根据用电设备的工作电流大小来选择。低压导线截面积与允许的负载电流值的关系见表 10-1。

表 10-1　低压导线的截面积与允许的负载电流值

导线标称截面积/mm²	0.5	0.8	1.0	1.5	2.5	3.0	4.0	6.0	10	13
允许的负载电流值/A	—	—	11	14	20	22	25	35	50	60

为了便于安装、维修，不同用电设备和同一元件不同接线柱上的低压导线常用不同的颜色加以区分。我国汽车用低压导线的主色、代号和用途见表 10-2。

表 10-2　低压导线的主色、代号和用途

主　色	代　号	用　　途
红	R	电源系统
白	W	点火系统、起动系统
蓝	BL	雾灯
绿	G	外部照明和信号系统
黄	Y	车身内部照明系统
棕	Br	仪表、报警系统，喇叭系统
紫	V	收音机、点烟器、电钟等辅助系统
灰	Gr	各种辅助电气设备的电动机及操纵系统
黑	B	搭铁线

2) 高压导线

高压导线用来传送高压电，其工作电压一般在 15 kV 以上。由于通过的电流强度较小，因此高压导线的绝缘包层很厚，耐压性能好，但线芯截面积很小。高压导线有铜芯线和阻尼线两种，为了衰减火花塞产生的电磁波干扰，目前广泛使用高压阻尼点火线。

高压阻尼点火线的制造方法和结构有多种，常用的有金属阻丝式高压阻尼点火线和塑料芯导线式高压阻尼点火线。金属阻丝式高压阻尼点火线又包括金属阻丝线芯式高压阻尼点火线和金属阻丝线绕电阻式高压阻尼点火线两种。金属阻丝线芯式高压阻尼点火线是由金属电阻丝绕在绝缘线束上，外包绝缘体制成的阻尼线；金属阻丝线绕电阻式高压阻尼点火线是由电阻丝绕在耐高温的绝缘体上制成电阻，再与不同型式的绝缘套构成的阻尼线。塑料芯导线式高压阻尼点火线是用塑料和橡胶等材料制成直径为 2 mm 的电阻线芯，在其外面紧紧地编织着玻璃纤维，最外面再包上高压 PVC 塑料或橡胶等绝缘体。由于塑料芯导线式高压阻尼点火线在制造过程中易于自动化，且成本低，因此被广泛使用。

2. 线束

为使全车线路规整，安装方便及保护导线的绝缘，汽车上的全车线路除高压线、蓄电池电缆和起动机电缆外，一般将同区域的不同规格的导线用棉纱或薄聚氯乙烯带缠绕包扎成线束。

汽车的线束分为发动机线束、仪表线束、车身线束等。汽车仪表线束如图 10-1 所示。

同一种车型的线束在制造厂里按车型设计制造好后，用卡簧或绊钉固定在车上的既定位置，其抽头恰好在各电气设备接线柱附近位置，安装时按线号装在其对应的接线柱上。

线束布线过程中不允许拉得太紧，线束穿过洞口或锐角处应有套管保护。

汽车信号不同，其全车线束的分布形式和位置不尽相同。

3. 熔断器(保险)

1) 保险选用原则

保险装置标称值 = 电路的电流值/0.8。例如，某电路设计的最大电流为 12 A，应选用 15 A 的保险。

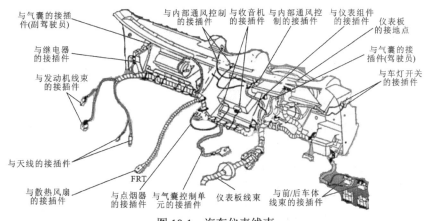

图 10-1　汽车仪表线束

2) 熔断器熔断后的应急修理

行驶途中的应急修理，可用细导线代替熔断器。一旦到达目的地或有新熔断器时，应及时换上。其注意事项如下：

(1) 更换熔断器时，一定要用与原规格相同的熔断器。汽车上增加用电设备时，不要随意改用容量大的熔断器，最好另外再安装熔断器。

(2) 若熔断器熔断，必须找到故障原因，彻底排除隐患。

(3) 熔断器支架与熔断器接触不良会产生电压降和发热现象。如发现支架有氧化现象或脏污，必须及时清理。

熔断器的结构形式有熔管式、金属丝式(缠丝式)、插片式等，如图 10-2 所示。

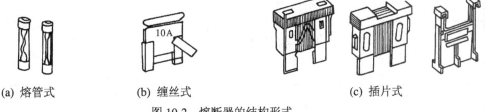

(a) 熔管式　　　　　(b) 缠丝式　　　　　　　　(c) 插片式

图 10-2　熔断器的结构形式

4. 插接器

为了提高接线速度，减少接线错误，越来越多的汽车在低压线路中采用插接器。插接器由插头和插座两部分组成，按使用场合的实际需要，其形状不同、脚数多少不等，有的甚至颜色也有区别。在拆卸插接器时，双手要捏紧插头和插座，并使锁止片张开后再将插头和插座分开，切不可直接拉导线，以免造成插头或插座内导线断路或接触不良，如图 10-3 所示。

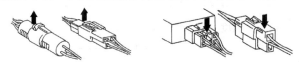

图 10-3　拆卸插接器的方法

5. 开关装置

汽车上所有用电设备的接通和停止，都必须由开关控制。对开关的要求是坚固耐用、安全可靠、操作方便、性能稳定。

1) 开关的符号

开关的符号见表10-3。

表 10-3 开 关 的 符 号

序号	图形符号	名称	序号	图形符号	名称
1		旋转、旋钮开关	14		推拉多挡开关位置
2		液位控制开关	15		钥匙开关(全部定位)
3	OP	机油滤清器报警开关	16		多挡开关,点火、起动开关,瞬时位置为2能自动返回至1(即2挡不能定位)
4	θ	热敏开关,动合触点	17		节流阀开关
5	θ	热敏开关,动断触点	18	BP	制动压力控制
6		热敏自动开关的动断触点	19		液位控制
7		热继电器的触点	20		凸轮控制
8		旋转多挡开关位置	21		联动开关
9		钥匙操作	22		手动开关的一般符号
10		热执行器操作	23		定位(非自动复位)开关
11	$t°$	温度控制	24		按钮开关
12	P	压力控制	25		能定位的按钮开关
13		拉拔开关			

2) 点火开关

点火开关是汽车电路中最重要的开关，它是各条电路分支的控制枢纽，是多挡多接线柱开关。点火开关的结构及表示方法如图 10-4 所示。LOCK 挡用于锁住转向盘转轴，ON 挡用于接通点火仪表指示灯，START 挡用于起动，ACC 挡主要作为收放机专用，HEAT 挡用于预热(仅柴油车中有该挡)。其中 START 挡、HEAT 挡的工作电流很大，开关不易接通过久，所以这两挡在操作时必须用手克服弹簧力，扳住钥匙，一松手就弹回 ON 挡，即这两挡不能自行定位，其他挡均可自行定位。

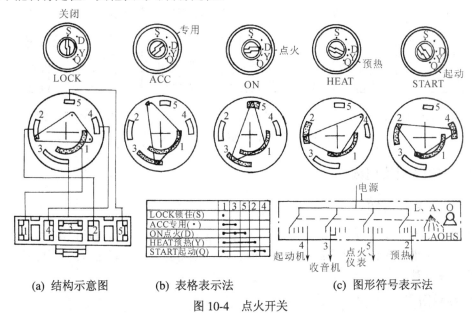

(a) 结构示意图　　　(b) 表格表示法　　　(c) 图形符号表示法

图 10-4　点火开关

3) 组合开关

组合开关将照明(前照灯、变光)开关、信号(转向、危险警告、超车)开关、刮水器/洗涤器开关等组合为一体，安装在便于驾驶员操作的转向柱上。图 10-5 所示为日产轿车组合开关的挡位和接线柱关系。

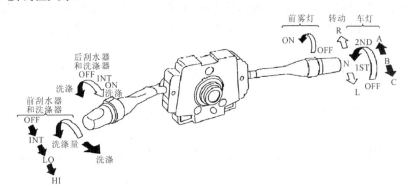

图 10-5　组合开关

6. 继电器

汽车上的继电器可分为专用继电器和一般继电器。专用继电器在开关接通后能自动控制电路通断转换，以实现特定功能，如闪光继电器、刮水间歇继电器等；一般继电器在开关接通后使电路始终处于接通或断开状态，以减小开关的负载，保护开关，如卸荷继电器、前照灯继电器、喇叭继电器和起动继电器等。

一般继电器由电磁铁、触点、外壳和接线端子或插脚等组成。为了减小继电器线圈断电时产生的自感电动势，保护开关和电子元件，有些继电器线圈两端并联电阻或续流二极管。

一般继电器按外形分为圆形、方形和长方形三种；按插脚数目分为三脚、四脚、五脚等多种；按触点不工作时的状态分为常开型、常闭型和开闭混合型三种。继电器线圈通电后，所有触点转换到相反的状态。各种继电器的内部结构和安装示意图如图10-6所示。

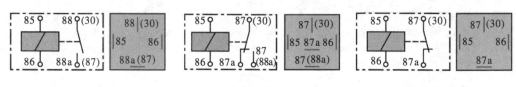

(a) 常开继电器　　　　　(b) 转换选择继电器　　　　(c) 常闭继电器

图 10-6　继电器内部结构及安装示意图

二、汽车电路图及识读

(一) 汽车电路图

随着汽车电子技术的发展，汽车电路图变得越来越复杂，如何快速而准确地识读汽车电路图是汽车维修人员应该掌握的主要内容。汽车电路图常见的表达方式有线路图、线束图和原理图三种。

1. 线路图

线路图是传统的汽车电路图表达方式，它将汽车电器在车上的实际位置相对应地用外形简图表示在电路图上，再用线条将电路、开关、保险装置等和这些电器一一连接起来。

线路图的特点是：由于电气设备的外形和实际位置都和原车一致，因此，查找线路时，导线中的分支、接点很容易找到，线路的走向和车上实际使用的线束的走向基本一致。缺点是：线条密集、纵横交错，导致读图和查找、分析故障时，非常不方便。

识读线路图的要点如下：

(1) 对该车所使用的电气设备的结构、原理有一定了解，对其电气设备规范比较清楚。

(2) 通过识读认清该车所有电气设备的名称、数量以及它们在汽车上的实际安装位置。

(3) 通过识读认清该车每一种电气设备的接线柱的数量、名称，了解每一接线柱的实际意义。

2. 线束图

线束图是汽车制造厂把汽车上实际线路排列好并将有关导线汇合在一起扎成线束以后画成的树枝图。

线束图的特点是：在图面上着重标明各导线的序号和连接的电器名称及接线柱的名称、各插接器插头和插座的序号。安装操作人员只要将导线或插接器按图上标明的序号，连接到相应的电器接线柱或插接器上，便可完成全车线路的装接。线束图有利于安装与维修，但不能说明线路的走向，线路简单。

　　线束图的识读要点如下：

　　(1) 认清整车共有几组线束，各线束名称，以及各线束在汽车上的实际安装位置。

　　(2) 认清每一线束上的枝杈通向车上哪个电气设备，每一分枝杈有几根导线，它们的颜色与标号以及它们各连接到电气设备的哪个接线柱上。

　　(3) 认清有哪些插接件，它们应该与哪个电气设备上的插接器相连接。

3. 原理图

　　原理图采用国家统一规定的图形符号，把仪器及各种电气设备按电路原理由上到下合理地连接起来，然后再进行横向排列。

　　原理图的特点是：对线路图作了高度简化，图面清晰，电路简单明了、通俗易懂，电路连接控制关系清楚，有利于快速查找与排除故障。

　　识读原理图的要点如下：

　　(1) 识读各电气设备的各接线柱分别与哪些电气设备的哪个接线柱相连。

　　(2) 识读电气设备所处的分线路走向。

　　(3) 识读分线路上的开关、保险装置、继电器结构和作用。

　　图 10-7 所示为桑塔纳轿车转向、报警电路原理图。

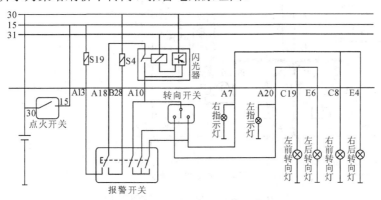

图 10-7　桑塔纳轿车转向、报警电路原理图

任务2　汽车主要电气系统电路及全车电路实例分析

一、桑塔纳 2000Gsi 型轿车电路分析

　　桑塔纳 2000Gsi 型轿车电气设备数量众多，但该车电路原理图采用了当前国际上流行的"纵向排列式画法"，给读图提供了方便。桑塔纳 2000Gsi 型轿车全车电路如图 10-8～图 10-17 所示。

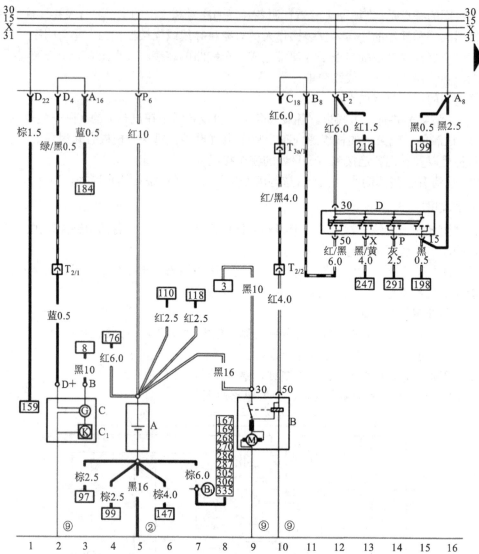

A—蓄电池；B—起动机；C—交流发电机；C_1—调压器；T_2—发动机线束与发电机线束插头连接；
D—点火开关；T_{3a}—发动机线束与前照灯线束插头连接；②—接地点；⑨—自身接地

图 10-8　桑塔纳 2000Gsi 型轿车电路(1)

1. 桑塔纳 2000Gsi 型轿车电路图的特点

(1) 电路采用纵向排列，垂直布置。

(2) 采用断线代号法解决交叉问题。

(3) 整车电路图分为三部分：最上面部分为中央继电器盒电路，其中标明了熔断器的位置及容量和继电器位置编号及端子号等；中间部分是车上的元器件及连线；最下面部分是搭铁线。

(4) 汽车电气系统电源正极分为三路(30，15，X)。

(5) 中央线路板的布置。大部分继电器和熔断器安装在中央线路板的正面(如图 10-18 所示)，插接器和插座安装在中央线路板的背面(如图 10-19 所示)。

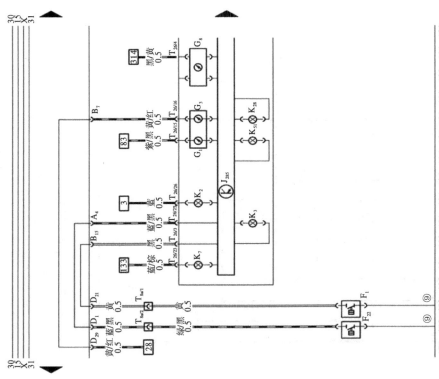

图 10-10　桑塔纳 2000Gsi 型轿车电路(3)

F₁—油压开关(180kPa)；F₂—油压开关(25kPa)；G₁—燃油表；G₃—水温表；G₆—车速里程表；
组合仪表控制器；K₂—充电报警灯；K₃—油压报警灯；K₂₃—手制动指示及制动液位报警灯；
J₂₈₅—组合仪表控制器；K₅₁—汽油不足警告灯；T_{8a}—发动机右线束与仪表插头右连接；
K₂₈—冷却液温度报警灯；T₂₆—仪表板线束与发动机组合仪表板插头右插头连接；

图 10-9　桑塔纳 2000Gsi 型轿车电路(2)

G₂、G₆₂—冷却液温度传感器；G₄₀—霍尔传感器；G₇₂—进气温度传感器；J₂₂₀—发动机控制单元；
N₁₅₂—点火线圈；P—火花塞插头；Q—火花塞；S₁₇—发动机控制单元熔断丝；
T₄—前照灯线束与散热风扇插头右连接；T_{8a}—发动机线束与发动机控制单元右插头连接；
T₈₀—发动机右线束；发动机右线束与发动机控制单元插头右连接

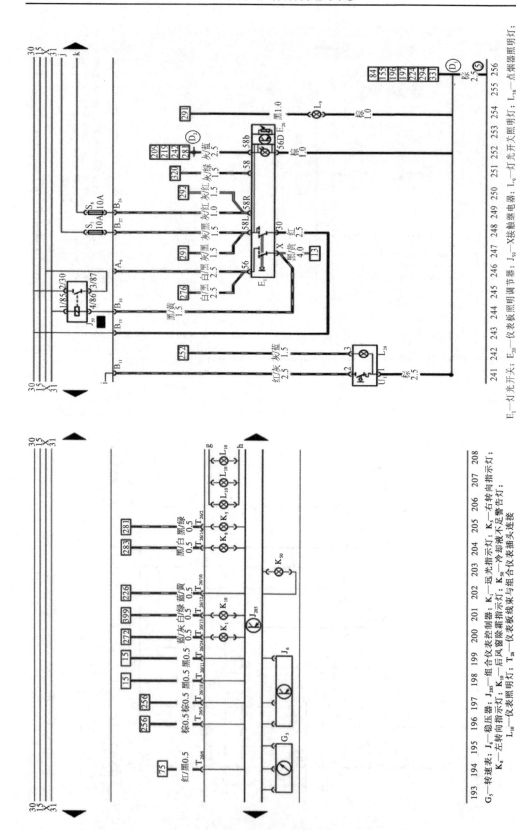

图 10-12 桑塔纳 2000Gsi 型轿车电路(5)

E₁—灯光开关；E₂₀—仪表板照明调节器；J₅₉—X接触继电器；L₉—灯光开关照明灯；L₂₈—点烟器照明灯；U₁—点烟器
S₇—左尾灯；S₈—右尾灯、右前停车灯、右后停车灯保险丝；L₁₀—发动机舱照明保险丝；

图 10-11 桑塔纳 2000Gsi 型轿车电路(4)

G₅—转速表；J₆—稳压器；J₂₈₅—组合仪表控制器；K₁—远光指示灯；K₅—右转向指示灯；
K₈—左转向指示灯；K₁₀—后风窗除霜指示灯；K₅₀—冷却液不足警告灯；
L₁₀—仪表板照明灯；T₂₆—仪表板线束与组合仪表插头连接

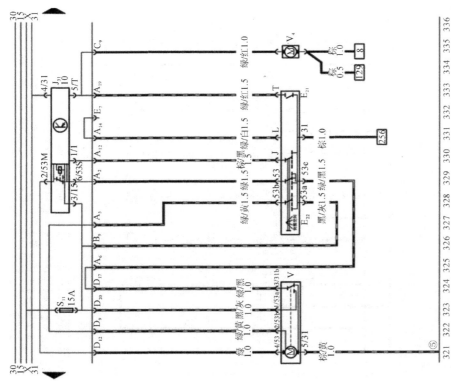

图 10-14　桑塔纳 2000Gsi 型轿车电路(7)

E₇—前风窗清洗泵开关；E₂₁—前风窗刮水器调速电阻；
S₁₁—前风窗刮水器、清洗器保险丝；J₃₁—刮水器继电器；V—前风窗刮水电机；V₄—前风窗清洗泵

图 10-13　桑塔纳 2000Gsi 型轿车电路(6)

F₆₉—发动机舱照明灯接触开关；L₁—右前照灯；M₁—右前照灯；M₂—右停车灯；
M₃—左尾灯；M₄—右尾灯；M₅—右转向灯；M₆—左前照灯；M₉—左制动灯；M₁₀—左前照灯（远光）；
S₂₁—发动机舱照明灯；S₂₂—右光保险丝；S₁₀—左光保险丝；T₄e—左前照灯线束插头连接；T₄d—前照灯线束与发动机线束插头连接；
T₁₄—右前照灯（远光）保险丝；S₁₂—左前照明灯；T₄e₁—发动机舱照明灯线束与发动机线束插头连接；T₄d—前照灯线束与左前照灯插头连接

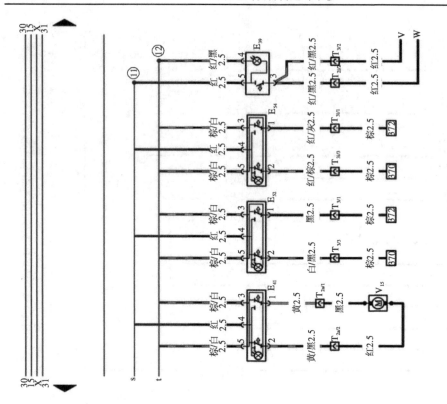

图 10-16　桑塔纳 2000Gsi 型轿车电路(9)

E₃₉—电动车窗安全开关(后门)；E₄₁—电动车窗开关(后，左)；E₅₂—电动车窗开关(左前)；E₅₄—电动车窗开关(右后)；V₁₅—右前电动车窗电动机

图 10-15　桑塔纳 2000Gsi 型轿车电路(8)

E₄₀—电动车窗开关；J₅₁—电动车窗自动下降继电器；J₅₂—电动车窗延时继电器；S₁₂₅—电动车窗热保护器；T₂ₐ—电动车窗线束与插头连接；V₁₄—左前电动车窗电动机

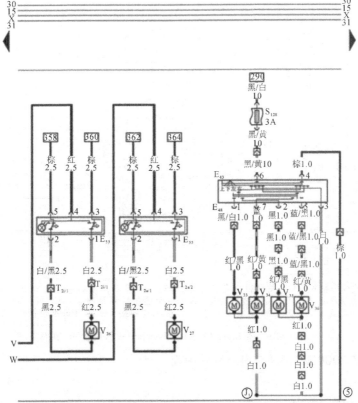

E₄₃—电动后视镜调节开关；E₄₈—电动后视镜转换开关；E₅₃—左后门上电动车窗开关；
E₅₅—右后门上电动车窗开关；S₁₂₈—电动后视镜熔断丝；V₂₆、V₂₇—后电动车窗电动机；
V₃₃～V₃₆—电动后视镜调节电动机

图 10-17　桑塔纳 2000Gsi 型轿车电路(10)

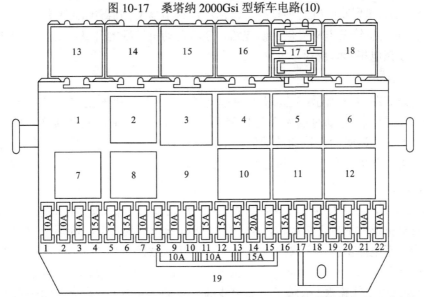

1、3、9、11、13～17—空位；2—进气管预热继电器；4—换挡指示器控制装置；5—空调继电器；
6—喇叭继电器；7—雾灯继电器；8—中间继电器；10—前风窗刮水器间歇继电器；12—闪光继电器；
18—冷却液不足指示器控制继电器；19—中央控制板

图 10-18　桑塔纳 2000Gsi 型轿车中央线路板正面结构

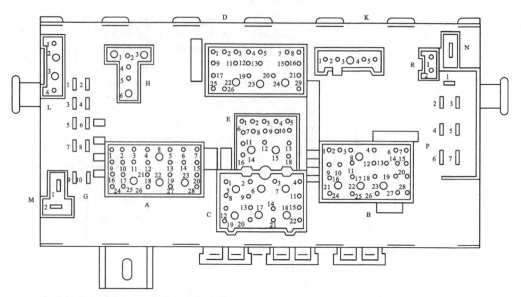

A、B—仪表板线束插座；C—发动机室左边线束插座；D—发动机室右边线束插座；E—后灯线束插座；
G—单个线束插座；H—空调装置线束插座；K—安全带报警系统线束插座；L—双音喇叭线束插座；
M—灯光开关"56"和变光开关"56b"接线柱的接头；N、P—单个插头；R—空位

图 10-19　桑塔纳 2000Gsi 型轿车中央线路板背面结构

2. 桑塔纳 2000Gsi 型轿车电路图的识读

1) 电源电路

电源电路如图 10-8 所示，将点火开关 D 转到点火挡 15 位置，发电机励磁电流由蓄电池 A 的正极经闭合的点火开关 D 的点火挡 15 位置进入组合仪表控制器 J_{285} 的 $T_{26/24}$ 端，经充电指示灯 K_2、组合仪表控制器 J_{285} 的 $T_{26/26}$ 端流出，再经中央线路板的 A_{16}、D_4、插接器 $T_{2/1}$、发电机 D+ 端到发电机的励磁绕组，从电压调节器 C_1 到蓄电池 A 的负极，充电指示灯 K_2 点亮，同时也给发电机提供励磁电流。随着发动机转数的升高，发电机输出电压升至电源电压，使充电指示灯熄灭。

2) 起动电路

起动电路如图 10-8 所示，起动机没有起动继电器，起动机的正常工作由点火开关 D 的起动挡 50 直接控制，起动时点火开关 D 旋至二挡，30 端子与 50 端子接通，起动机的电磁开关通电，产生电磁吸力，接通起动机主电路，起动机工作；起动后点火开关从二挡自动回到一挡，电磁开关断电，起动机停止工作。

3) 点火电路

如图 10-9 所示，点火电路由蓄电池 A、点火开关 D、点火线圈 N_{152}、火花塞 Q 等组成。

起动发动机或发动机正常运转，点火开关 D 位于一挡或二挡，30 端子与 15 端子接通，点火电路为：蓄电池正极→中央线路板 P_6 端子→中央线路板内部 30 号线→中央线路板 P_2 端子→点火开关 30 端子→点火开关→点火开关 15 端子→中央线路板 A_8 端子→中央线路板内部 15 号线→中央线路板 D_{23} 端子→点火线圈 N_{152} 的 $T_{4/2}$ 端子→点火线圈→点火线圈 N_{152} 的 $T_{4/4}$ 端子→搭铁→蓄电池负极。

桑塔纳 2000Gsi 型轿车为计算机控制点火系统，由发电机电控系统控制，是采用双缸

同时点火的无分电器点火系统。

【拓展知识】

汽车总线控制技术

1. 为什么要采用汽车总线控制技术

现代汽车中所使用的电控系统和通信系统越来越多，如发动机电控系统、自动变速器控制系统、防抱死制动系统、巡航控制系统和车载多媒体系统等，这些系统与系统之间、系统和汽车的显示仪表之间、系统和汽车故障诊断系统之间均需要进行数据交换。

同时，现代汽车控制技术已从单变量控制发展到多变量控制，从局部的自动调节发展到全局的最优控制。这就要求对汽车上每一系统的状态进行实时同步的跟踪、采集、综合分析、推理、判断，从而做出最优控制决策。为了提高信号的利用率，要求大批的数据信息能在不同的电控单元中共享，汽车综合控制系统中大量的控制信号也需要实时交换。

针对上述问题，在借鉴计算机网络和现场控制技术的基础上，汽车总线控制技术应运而生。通过总线控制技术可以实现多路控制和各模块之间的数据共享等功能，使控制变得更加方便，并可节省大量的导线、降低成本、便于维护和提高总体可靠性。

2. 汽车总线控制技术中信息的传输

汽车总线控制技术中的信息一般采用多路传输。多路传输是指在同一通道或线路上同时传输多条信息。事实上，数据信息是依次传输的，但速度非常快，几乎就是同时传输。

从图 10-20 可以看出，常规线路要比多路传输线路简单得多，但是多路传输系统 ECU之间所用导线比常规线路系统所用导线少得多。由于多路传输可以通过一根线(数据总线)执行多个指令，因此可以增加许多功能装置。

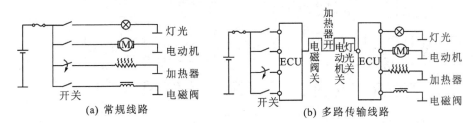

图 10-20 常规线路与多路传输线路原理图

3. 总线系统的构成

总线系统主要由控制单元、数据总线、网络、通信协议和网关等组成。

1) 控制单元

控制单元(ECU)是检测信号及进行信号处理的电子装置。

2) 数据总线

数据总线(BUS)是模块(如控制单元、智能传感器等)间运行数据的通道，即所谓的信息高速公路，如图 10-21 所示。如果一个控制单元可以通过数据总线发送数据，又可以从数据总线接收数据，则这样的数据总线就称之为双向数据总线。汽车上的信息高速公路实际是一条导线或两条导线。

图 10-21　多个计算机之间利用数据总线进行通信

3) 网络

为了实现信息共享而把多条数据总线连在一起，或者把数据总线和模块当作一个系统，称之为网络。从物理意义上讲，汽车上许多模块和数据总线距离很近，因此被称为局域网(LAN)。

局域网是在一个有限区域内连接的计算机网络。一般这个区域具有特定的职能，即通过网络实现这个系统内的资源共享和信息通信。连接到网络上的节点可以是计算机、基于微处理器的应用系统或职能装置。

例如，凌志 LS430 的几条数据总线间共有 29 块相互交换信息的模块，如图 10-22 所示，几条数据总线连接 29 个模块，总线又连接到局域网上，其中还有 3 个接线盒 ECU，2 个作为前端模块，1 个作为后端模块。其作用是提供诊断支持。

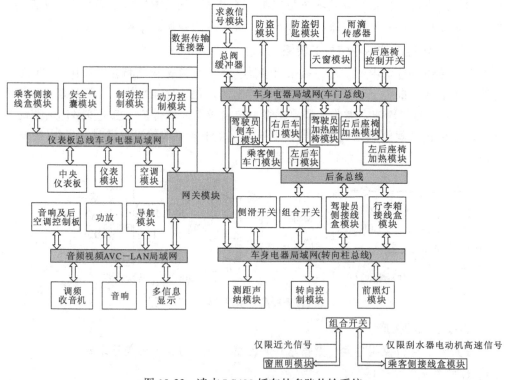

图 10-22　凌志 LS430 轿车的多路传输系统

4) 通信协议

两个实体要想成功地通信，它们必须使用相同的语言，并按既定控制法则来保证相互的配合。具体来说，在通信内容、怎样通信以及何时通信等方面，两个实体要遵从相互可以接受的一组约定和规则。这些约定和规则的集合称为协议。因此协议可定义为在两实体间控制信息交换的规则集合。

通信协议犹如交通规则，包括"交通标志"的制定方法。作为汽车维修人员，并不关心通信协议本身，而真正关心的是它对汽车维修诊断的影响。通信协议本身取决于车辆要传输多少数据，要用多少模块，数据总线的传输速度要多快。大多数通信协议(以及使用它们的数据总线和网络)都是专用的，因此，维修诊断时需要专门的软件。

5) 网关

因为汽车上有许多总线和网络，所以必须用一种有特殊功能的计算机达到信息共享和不产生协议间的冲突，实现无差错数据传输功能，这种计算机称为网关，如图10-23所示。

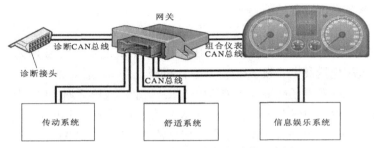

图 10-23　网关与其他计算机的连接示意图

网关是连接异型网络的接口装置，它综合了桥接器和路由器的功能。汽车网关主要对双方不同的协议进行翻译和解释，具备从一个网络协议到另一个协议转换信息的能力。

网关主要有三个方面的作用：接收、转换、发送。具体来说，就是接收第一个网络送来的信息，将其转换翻译后，向第二个网络传送信息。

4. 汽车总线协议标准

为方便研究和设计应用，美国汽车工程师学会(Society of Automotive Engineers，SAE)车辆网络委员会按系统的复杂程度、信息量、必要的动作响应速度、可靠性要求等，将汽车数据多路传输网络划分为 A、B、C、D、E 五类。

A 类是面向传感器/执行器控制的低速网络，数据传输位速率通常小于 20 kb/s，主要用于后视镜调整、电动车窗、灯光照明等装置信号的传输和控制。目前首选的标准是 LIN 总线。

B 类是面向独立模块间数据共享的中速网络，位速率为 10～125 kb/s，主要用于车身电子舒适性模块、仪表显示等系统。B 类中的国际标准是 CAN 总线。

C 类是面向高速、实时闭环控制的多路传输网络，位速率为 125 kb/s～1 Mb/s。X-by-wire系统传输位速率可达 10 Mb/s 以上，主要用于牵引控制、ABS 控制等系统。

D 类是网络智能数据总线(Intelligent Data Bus，IDB)协议，主要面向信息、多媒体系统等。根据 SAE 分类，IDB-C 为低速、IDB-M 为高速、IDB-Wireless 为无线通信。D 类网络协议的位速率为 250 kb/s～100 Mb/s。

E 类网络主要面向乘员的安全系统，应用于车辆被动安全性领域。

在今天的汽车中，作为一种典型应用，车体和舒适性控制模块都连接到 CAN 总线上，并借助 LIN 总线进行外围设备控制。而汽车高速控制系统，通常会使用高速 CAN 总线连接在一起。远程信息处理和多媒体连接需要高速互连，视频传输又需要同步数据流格式，这些都可由 DDB(Domestic Digital BUS)或 MOST(Media Oriented Systems Transport)协议来实现，无线通信则通过 Bluetooth 技术实现。

参 考 文 献

[1] 古永棋，张伟. 汽车电器及电子设备[M]. 重庆：重庆大学出版社，2004.

[2] 胡光辉. 汽车电器设备构造与维修[M]. 北京：机械工业出版社，2007.

[3] 胡式旺. 汽车电器电子设备原理与维修[M]. 北京：机械工业出版社，2004.

[4] 纪光兰. 汽车电器设备构造与维修[M]. 北京：机械工业出版社，2008.

[5] 马明金. 汽车电器构造原理及检修[M]. 北京：北京大学出版社，2006.

[6] 麻友良，赵英勋. 广州本田雅阁轿车维修手册 [M]. 北京：机械工业出版社，2003.

[7] 杨连福. 汽车电器及电子设备[M]. 北京：机械工业出版社，2009.

[8] 周建平. 汽车电器设备构造与维修[M]. 2 版. 北京：人民交通大学出版社，2004.

[9] Tom Denton. 汽车电气与电子控制系统[M]. 北京：机械工业出版社，2003.

[10] 李春明. 汽车电气与电路[M]. 北京：高等教育出版社，2003.

[11] 赵振宁. 汽车电控发动机原理与检修[M]. 北京：北京理工大学出版社，2007.

[12] 南金瑞，刘波澜. 汽车单片机及车载总线技术[M]. 北京：北京理工大学出版社，2005.

[13] 黄宗益. 现代汽车自动变速器原理与设计[M]. 上海：同济大学出版社，2006.

[14] 曾鑫. 汽车电气设备检修[M]. 武汉：华中科技大学出版社，2011.

[15] 朱学军. 汽车电器设备构造与维修[M]. 北京：中国劳动社会保障出版社，2010.

[16] 刘文国. 汽车电器设备构造与维修[M]. 北京：电子工业出版社，2009.

[17] 毛峰. 汽车车身电控技术[M]. 北京：机械工业出版社，2004.

[18] 李良洪. 怎样看汽车电路图[M]. 福州：福建科技大学出版社，2004.